本书的出版和相关研究的执行获得了"国家重点研发项目长江上游特色濒危农业生物种质资源抢救性保护与创新利用（2022YFD1201600）"、"国家现代农业（柑桔）产业技术体系（CARS-26）"、"西部（重庆）科学城种质创制大科学中心长江上游种质创制与利用工程研究中心科技创新基础设施项目（2010823002）"、"中央高校基本科研业务费（SWU-XDJH202308）"、"国家留学基金委员会公派留学奖学金"的资助。

# Plant
# Oxidoreductases

# 植物氧化还原酶
## 起源、进化与功能研究

## Origin, Evolution and Functions

李 强 著

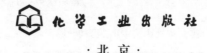

化学工业出版社

·北京·

## 内 容 简 介

本书是关于植物氧化还原酶的系统性研究成果的汇总，涉及多个植物氧化还原酶家族的挖掘、鉴定，并对其起源、进化和功能等进行研究。作者团队创立过氧化物酶专业数据库 PeroxiBase，并多次升级至最新版本氧化还原酶专业数据库 RedOxiBase；开发了多个用于氧化还原酶家族鉴定、分析的工具和流程；构建了植物中几个过氧化物酶家族的起源模型、剂量进化模型，基因和蛋白质结构进化模型；研究了氧化还原酶在植物生物胁迫应答中的功能等。本书对本团队的以上工作进行了介绍。

本书可供从事氧化还原生物学、生物信息学、数据库学、植物基因组学和分子生物学等分支学科教学、科研的高校师生和科研机构研究人员参考。

**图书在版编目（CIP）数据**

植物氧化还原酶 ： 起源、进化与功能研究 / 李强著.
北京 ： 化学工业出版社，2024. 10. -- ISBN 978-7-122-
46133-9

Ⅰ. Q946.54

中国国家版本馆CIP数据核字第2024F42G22号

---

责任编辑：刘晓婷 林 俐 文字编辑：张春娥 林 丹
责任校对：宋 玮 装帧设计：韩 飞

---

出版发行：化学工业出版社（北京市东城区青年湖南街13号　邮政编码100011）
印　　装：涿州市般润文化传播有限公司
787mm×1092mm　1/16　印张12　字数309千字　2024年11月北京第1版第1次印刷

---

购书咨询：010-64518888　　　　　　售后服务：010-64518899
网　　址：http://www.cip.com.cn
凡购买本书，如有缺损质量问题，本社销售中心负责调换。

---

定　　价：98.00元

# 前言

活性氧（reactive oxygen species，ROS）是植物胁迫响应和组织发育中的重要信号分子。其稳态调控对于植物的发育和环境适应至关重要。植物细胞中，以过氧化物酶为主的氧化还原酶（oxidoreductase）系统肩负着 ROS 稳态调控的重要任务。植物的氧化还原酶系统由若干多基因家族组成，对这些基因家族的挖掘、注释、起源、进化和功能的研究将为植物的胁迫适应和抗性建成提供重要的理论基础。本书围绕植物的氧化还原酶系统，基于生物信息学、数据库学、植物基因组学和分子生物学等技术，对植物氧化还原酶家族进行鉴定，并对其起源、进化和功能进行深入研究，为更好地理解氧化还原酶在植物适应环境中的功能奠定理论基础，为相关领域诸如氧化还原生物学、生物信息学、数据库学、植物基因组学和分子生物学等分支学科，尤其是植物抗逆领域的科研工作提供科学借鉴。

本书是作者在长期从事植物氧化还原酶研究的基础上经过系统归纳和总结而成，其中包含作者在法国国家科学研究中心（French National Centre for Scientific Research，CNRS）和法国图卢兹第三大学（Université Toulouse III‑Paul Sabatier，UPS）共建的植物科学研究室（Laboratoire de Recherche en Sciences Végétales，LRSV）攻读博士学位期间的四年科研成果，以及在法国植物基因组生物资源中心（Centre for Biological Resources Dedicated to Plant Genomics，CN-RGV）交流学习成果和在西南大学的七年教学和科研成果，所以可以说本书介绍的大部分研究内容均为西南大学和法国图卢兹第三大学等单位合作的成果。作者在法国留学期间，作为氧化还原酶数据库 PeroxiBase 的主要构建者之一进行了氧化还原酶多基因家族的注释、起源、进化和功能研究；在西南大学期间，围绕氧化还原酶与植物抗病性的相关性展开深入研究，鉴定了多个与植物抗病相关的氧化还原酶成员。作者通过多年来的持续性探索和研究，产生了诸多的原创性成果，这为本书的顺利成型奠定了基础。本书在内容编排上打破了原有研究内容的框架，以解决科学问题为主，结合以往发表的论文以及未发表的数据，查漏补缺，重新组织而成。

本书紧紧围绕植物氧化还原酶介绍了理论研究、方法研究和应用研究等多方面内容，具体包括植物氧化还原酶的鉴定、起源、进化和功能等。本书分为四篇十四章：第一篇为相关理论与国内外研究概述，综述了活性氧及其调控（第一章）和氧化还原酶进化与功能研究进展（第二章）；第二篇为氧化还原酶数据库，介绍了新氧化还原酶数据库的建立和升级（第三章），开发了氧化还原酶基因家族注释流程（第四章）；第三篇为氧化还原酶的起源与进化，建立了植物氧化还原酶起源和剂量（基因数量、酶活）进化模型（第五章）、基因复制与"热点"形成模型（第六章）、基因诞生与丢失模型（第七章）、基因结构进化模型（第八章）和蛋白结构进化模型（第九章）；第四篇为氧化还原酶与植物抗病相关性，研究了植物生物胁迫相关的过氧化物酶（第十章）、过氧化氢酶（第十一章）、抗坏血酸过氧化物酶（第十二章）、呼吸爆发氧化酶（第十三章）和超氧化物歧化酶（第十四章）等。

本书是多人合作的产物。在这里要特别感谢植物氧化还原酶领域知名专家，我的博士导师 Christophe DUNAND 教授，感谢他让我成为团队的一员，并为我的科研提供了非常专业的指导和建议。也要感谢同事 Nizar FAWAL、Hua WANG、Philippe RANOCHA、Bruno SAVELLI、Catherine MATHE、Marie BRETTE、Marcel ZAMOCKY 等在本书中的项目执行期间的知识分享、专业建议以及对氧化还原酶数据库 PeroxiBase 和 RedOxiBase 的开发、维护和升级。感谢 Hélène BERGES 教授和 Endymion COOPER 博士对基因组测序和分析的支持和建议。感谢西南大学的陈善春研究员、何永睿副研究员、邹修平研究员、龙琴副研究员、宋庆玮博士，以及研究生傅佳、喻奇缘、杨雯、秦秀娟、祁静静、樊捷、黄馨、窦万福、胡安华、张晨希、线宝航和贾瑞瑞等在实验操作、数据分析和书稿撰写过程中的辛苦付出。

本书的出版和相关研究的执行获得了"国家重点研发项目：长江上游特色濒危农业生物种质资源抢救性保护与创新利用（2022YFD1201600）""国家现代农业（柑桔）产业技术体系（CARS-26）""西部（重庆）科学城种质创制大科学中心长江上游种质创制与利用工程研究中心科技创新基础设施项目（2010823002）""中央高校基本科研业务费（SWU-XDJH202308）"和"国家留学基金委员会公派留学奖学金"的支持，在此一并感谢。最后，感谢众多参考文献的国内外作者，正是站在你们的肩上，本书取得了些许亮点。

由于本人水平有限，疏漏和不足之处恐难避免，敬请专家学者和广大读者不吝赐教。

李　强

2024 年 7 月

# 目录

第一篇

# 活性氧相关理论与
# 国内外研究概述

# 第一章
# 活性氧及其稳态

活性氧（reactive oxygen species，ROS）是植物的重要信号分子，在植物对环境胁迫的响应中发挥重要功能，是植物为适应环境而进化出的复杂且精密的调节机制。然而，过量的 ROS 又会导致植物细胞受损，因此，ROS 的浓度应保持在一个适当且稳定的水平，这就要求植物细胞建立一套 ROS 稳态调控系统。本章将对 ROS 稳态及其稳态调控系统的相关理论及其研究进展进行综述。

## 第一节　活性氧

### 一、活性氧的概念

氧气作为生命体生命活动的基础物质之一，是需氧生物维持生命所必需的。氧气参与生命体的能量代谢，同时会产生一类比氧气还要活泼的物质，即活性氧。活性氧广义指的是由氧来源的自由基和非自由基，包含了超氧阴离子（superoxide anion，$O_2^{\cdot-}$）、过氧化氢（hydrogen peroxide，$H_2O_2$）、羟自由基（hydroxy radical，$\cdot OH$）、臭氧（ozone，$O_3$）和单线态氧（singlet oxygen，$^1O_2$）等组分。由于它们含有不成对的电子，因而具有很高的化学反应活性。在植物中，ROS 是由电子从叶绿体、线粒体和质膜的电子传递活动中不可避免地泄漏到 $O_2$ 上而形成的，或作为位于不同细胞区室的各种代谢途径的副产品。

$H_2O_2$ 是单细胞和多细胞生物体的一个主要 ROS 成分，是细胞响应外部胁迫和内部信号而在细胞外产生的。$H_2O_2$ 通过水通道膜蛋白进入细胞内，共价修饰细胞质蛋白以调节信号转导和细胞过程。其他的 ROS 成分会经过一定的化学反应转化为性质较稳定的 $H_2O_2$（图 1-1）。在氧化爆发期间，$O_2$ 被还原为 $O_2^{\cdot-}$，然后 $O_2^{\cdot-}$ 在酸性条件下以更高的速率发生自发歧化，生成 $H_2O_2$；$O_2^{\cdot-}$ 也可以被存在于细胞质、叶绿体和线粒体中的超氧化物歧化酶（superoxide dismutase，SOD）催化转变为 $H_2O_2$，$H_2O_2$ 与 $Fe^{2+}$ 反应导致依赖于 $H_2O_2$ 的 ·OH 形成（Zhang，*et al.*，2013）。

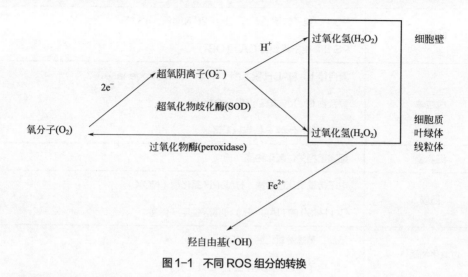

图1-1 不同 ROS 组分的转换

## 二、活性氧产生的位置

在植物细胞正常代谢过程中，活性氧可由多条途径产生。如叶绿体和线粒体上的电子传递产生了一个不可避免的后果，即电子传递至分子氧上，随之产生活跃的活性氧组分。

### 1. 叶绿体

高等植物叶绿体光合系统 I 电子传递链（photosynthesis system I，PSI）的受体端存在大量的自动氧化酶类，能够通过米勒反应（Mehler's reaction，MR）将氧还原成超氧化物，这些超氧化物或参与 PSI 电子循环（PSI electronics recycling），或从类囊体腔扩散至基质膜表面，在那里 $O_2^{-}$ 可通过酶促反应歧化成 $H_2O_2$ 和 $O_2$；或在铁或铜离子的存在下通过芬顿反应（Fenton's reaction，FR）或哈伯·韦斯反应（Haber-Weiss's reaction）产生·OH 和 $O_2$。

### 2. 线粒体

体内 90% 以上的 $O_2$ 是在线粒体中被消耗。$O_2$ 一方面作为呼吸链的终端电子受体参与产生三磷酸腺苷（adenosinetriphosphate，ATP）的氧化磷酸化反应，维持能量代谢；另一方面，$O_2$ 通过一系列化学反应，有时可生成活性氧、活性氮（reactive nitrogen species，RNS）和脂类过氧化物（lipid peroxide，LPO）等。线粒体呼吸链复合物的黄素二磷酸腺苷酸（flavin adenosine dinucleotide，FAD）、泛醌（ubiquinone，UQ）、细胞色素 b566 氧化时泄漏电子，可产生活性氧；线粒体 NADPH 氧化酶（NADPH oxidase，NOX）和黄嘌呤氧化酶（xanthine oxidase，XOD）可催化生成 $O_2^{-}$；线粒体的髓过氧化物酶（myeloperoxidase，MPO）可催化生成·OH；线粒体蛋白激酶 C（protein kinase C，PKC）可催化生成 $H_2O_2$。

除了叶绿体和线粒体，ROS 也在质膜、过氧化物酶体、质外体、内质网和细胞壁的多个位置中产生（表 1-1）。

表1-1 植物细胞中的 ROS 产生部位

| 细胞器 | 细胞成分 |
|---|---|
| 叶绿体 | PSⅠ：电子传输链 Fd、2Fe-2S 和 4Fe-4S 簇 |
| | PSⅡ：电子传递链 QA 和 QB |
| 线粒体 | 复合体Ⅰ：NADH 脱氢酶（NADH dehydrogenase） |
| | 复合物Ⅱ：反向电子流向复合物Ⅰ |
| | 复合体Ⅲ：泛醌 - 细胞色素区域 |
| 细胞壁 | 细胞壁相关过氧化物酶 |
| 质膜 | 电子传输氧化还原酶、NADPH 氧化酶（NOX） |
| | Cyt P450 的 NAD（P）H 依赖性电子传递 |
| 过氧化物酶体 | 基质：黄嘌呤氧化酶（XOD） |
| | 膜：电子传递链黄素蛋白 NADH 和 Cyt b |

### 三、活性氧的功能

#### 1. ROS 参与多个生理过程

大量证据证明，ROS 在包括各种生物和非生物胁迫在内的恶劣环境条件下在植物中发挥重要作用，它通过增强植物细胞壁、产生植物抗毒素来增强对各种胁迫的抗性；ROS 也被证明在细胞衰老、光呼吸和光合作用、气孔运动、细胞周期和生长发育等广泛的生理过程中充当关键调节因子。

#### 2. ROS 稳态与信号转导

在正常生长条件下，植物体内 ROS 的产生量较低，而 ROS 产生途径和 ROS 清除途径的相互作用使 ROS 的浓度保持在较低且稳定的水平。然而，不同的细胞信号（如干旱、盐分、寒冷、金属毒性、UV-B 辐射和病原体攻击等各种环境胁迫以及激素感知等）可以迅速激活植物细胞内的 ROS 产生途径从而导致细胞中 ROS 的快速生成，使 ROS 含量急剧增加，打破了正常的 ROS 稳态。而被改变平衡的 ROS 又可以作为细胞内的第二信使分子被不同的 ROS 传感器感知并激活相应的细胞反应（如病原体或非生物胁迫防御、光合调控和生长调控等）。ROS 信号的强度、持续时间和亚细胞定位由 ROS 产生和 ROS 清除途径之间的相互作用决定，此相互作用负责维持 ROS 的低稳态水平，在该水平上可以记录不同的信号。ROS 水平的调节也可能涉及 ROS 感知和 ROS 产生之间的正反馈循环。除了激活或抑制不同的细胞反应外，ROS 感知还可以影响植物的生长和发育（如应激期间的抑制或正常生长期间的调节）（图 1-2）。

#### 3. ROS 在植物抗病中的积极作用

虽然活性氧对植物细胞有很强的毒害作用，但在有些代谢过程中它却能被有效地利用，尤其是在植物抗病过程中。

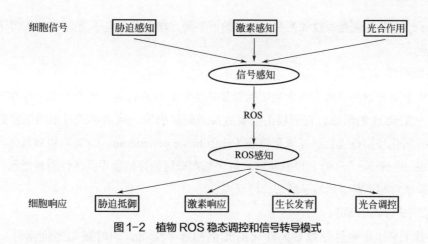

图1-2 植物 ROS 稳态调控和信号转导模式

（1）当病原体侵染植物后，细胞内的 ROS 水平迅速提高，从而引起过敏性细胞程序性死亡（programmed cell death，PCD）。

（2）ROS 参与细胞壁中富含羟脯氨酸的糖蛋白交联过程，这也有利于抵御病原体侵入细胞。

（3）ROS 作为第二信使调控抗病相关基因的表达并启动植物抗毒素合成基因的转录。

（4）ROS 依靠其强大的氧化作用直接杀死病原体或抑制其生长，且不会产生耐药性，它对细菌、真菌和病毒同样有效。

## 四、活性氧过量产生的胁迫条件

在正常生长条件下，植物体内 ROS 的产生量很低。然而，为了应对各种环境压力，植物中的 ROS 急剧增加，扰乱了细胞内环境中 ROS 的正常平衡。下面讨论各种非生物和生物胁迫对 ROS 产生的影响。

### 1. 干旱

干旱胁迫可通过多种方式使细胞的 ROS 水平增加。干旱通过抑制二氧化碳（carbon dioxide，$CO_2$）同化，加上干旱胁迫下光系统活动和光合运输能力的变化，导致通过叶绿体米勒反应加速产生 ROS。由于光捕获与其在干旱胁迫下的利用之间的不平衡，植物组织中的光合作用受到抑制。在干旱胁迫下，光呼吸途径也会增强，特别是当 RuBP 羧化酶/加氧酶（rubisco）因 $CO_2$ 固定受限而达到最大时。

### 2. 盐度

盐分胁迫可以导致过量生成 ROS。高盐浓度会导致 $O_2^{\cdot-}$、$\cdot OH$、$H_2O_2$ 和 $^1O_2$ 的过量产生，这是由于不同亚细胞区室（如叶绿体和线粒体）内的细胞电子传递受损，以及盐分胁迫诱导的代谢途径激活（如光呼吸）。

### 3. 低温

低温胁迫是限制植物生长的关键环境因素。寒冷通过抑制卡尔文-本森循环（Calvin-Benson cycle）加剧光吸收和光利用之间的不平衡，增强光合电子流向 $O_2$，从而导致 ROS 的过量产生。

#### 4. 金属毒性

环境中金属含量的增加会极大地影响植物的生长和新陈代谢。植物组织中存在有毒金属的后果之一是 ROS 的形成，它可以由金属直接或间接引发，从而导致对不同细胞成分的氧化损伤。抗氧化酶如谷胱甘肽过氧化物酶（glutathione peroxidase，GPX）和超氧化物歧化酶（superoxide dismutase，SOD）以及非酶抗氧化剂在金属诱导植物中的活性明显增加，表明抗氧化防御系统参与了对金属离子的适应性反应。

#### 5. 紫外线 UV-B 辐射

紫外线 UV-B 处理可导致 $CO_2$ 同化的光饱和速率降低，同时羧化速度降低。紫外线 UV-B 通过增加 NADPH 氧化酶活性来产生 ROS 以明显抑制净光合速率。

#### 6. 病原体

植物成功识别病原体后最早的细胞反应之一是氧化爆发。对多种病原体的识别导致 $O_2^{\cdot-}$ 或其在质外体中的歧化产物 $H_2O_2$ 的产生。感染了豆黄花叶病毒的蚕豆叶片中的 $H_2O_2$ 和丙二醛（malondialdehyde，MDA）浓度高于相应的对照，而且过氧化物酶（peroxidase，POD）、过氧化氢酶（catalase，CAT）、抗坏血酸过氧化物酶（ascorbate peroxidase，APX）和超氧化物歧化酶（SOD）等 ROS 调控酶系统的活性增强，表明 ROS 清除系统在响应病原体而产生的 ROS 方面具有重要调控作用。

## 五、活性氧的氧化损伤

当环境胁迫长期作用于植物，使其产生的 ROS 超出清除能力时，ROS 水平即可能超过细胞的承受能力，使细胞处于氧化应激状态，进而产生氧化损伤。ROS 水平的增加会对生物分子如脱氧核糖核酸、蛋白质和脂质造成影响，这些损害还将对细胞和生物体产生叠加损害。

#### 1. 对核酸的损伤

受到氧化损伤后的 DNA 可能会发生断裂、突变以及对热稳定性改变等，从而严重影响遗传信息的正常转录和翻译过程。DNA 的氧化损伤主要包括两种。

（1）碱基的修饰　羟基自由基可对胸腺嘧啶的 5,6- 双键进行加成，形成胸腺嘧啶自由基。碱基的改变可导致其基团控制下的许多生化与蛋白质合成过程受到破坏。

（2）键的断裂　自由基从 DNA 的戊糖夺取了氢原子，使之在 $C_4$ 位置形成具有未配对电子的自由基，然后，此自由基又在 $\beta$- 位置发生链的断裂。

#### 2. 对蛋白质的损伤

ROS 对蛋白质的作用主要包括修饰氨基酸、使肽链断裂、形成蛋白质的交联聚合物和改变构象 4 个方面。

（1）修饰氨基酸　蛋白质分子中起关键作用的氨基酸成分对自由基损害特别敏感，以芳香族氨基酸和含硫氨基酸最为突出，不同的自由基对特定氨基酸侧链有特殊影响，如超氧阴离子介导甲硫氨酸氧化成为甲硫氨酸亚砜（methionine sulfoxide）、半胱氨酸氧化成为磺基丙氨酸（cysteic acid）；羟自由基可以将脂肪族氨基酸 $\alpha$- 位置上的一个氢原子去掉；烷氧自由基和过氧自由基等中间产物可以使色氨酸氧化为 $N$- 甲基犬尿氨酸（$N$-formylkynurenine）和五羟色氨酸（5-hydroxytryptophan，5-HTP）。

（2）使肽链断裂　活性氧所致蛋白质肽链断裂方式有两种，一种是肽链水解，另一种是从 $\alpha$- 碳原子处直接断裂，究竟以何种方式断裂取决于活性氧和蛋白质的类型、浓度以及二者之间的反应速率。肽键的水解常发生在脯氨酸处，其机制为活性氧攻击脯氨酸使之引入羰基而生成 $\alpha$- 吡咯烷酮（alpha-pyrrolidone），经水解与其相邻的氨基酸断开，$\alpha$- 吡咯烷酮成为新的 N- 末端，可以进一步水解成为谷氨酰胺。肽链直接断裂的方式是活性氧攻击 $\alpha$- 碳原子生成 $\alpha$- 碳过氧基，后者转化为亚氨基肽，经过弱酸水解为氨基酸和双羧基化合物。

（3）形成蛋白质交联聚合物　多种机制可以导致蛋白质的交联和聚合。蛋白质分子中的酪氨酸可以形成二酪氨酸、半胱氨酸氧化形成二硫键，两者均可以形成蛋白质的交联。交联可以分为分子内交联和分子间交联两种形式。蛋白质分子中酪氨酸和半胱氨酸的数目可以决定交联的形式。另外，脂质过氧化产生的丙二醛与蛋白质氨基酸残基反应生成烯胺，也可以造成蛋白质交联。生物体内单糖自动氧化的 $\alpha$- 羰基化合物可以与蛋白质交联而使酶失活，并使膜变形性下降，导致细胞衰老与死亡。

（4）改变构象　蛋白质经氧化后，热动力学上不稳定，部分三级结构打开，失去原有构象。用 $H_2O_2$ 氧化超氧化物歧化酶，其紫外吸收增强，内源性荧光减弱，表明酶分子由紧密有序排列趋于松散无序。用自旋标记研究，探测到较低浓度 $H_2O_2$ 就可以影响到超氧化物歧化酶分子亚基缔合或其周围的结构。

### 3. 对生物膜的损伤

自由基对生物膜的损伤是作用于细胞膜及亚细胞器膜上的多不饱和脂肪酸，使其发生脂质过氧化反应，脂质过氧化的中间产物脂自由基（free radical，L·）、脂氧自由基（lipoxyl free radical，LO·）可以与膜蛋白发生攫氢反应生成蛋白质自由基，使蛋白质发生聚合和交联。另外，脂质过氧化的羰基产物（如丙二醛）也可攻击膜蛋白分子的氨基，导致蛋白质分子内交联和分子间交联。另一方面，自由基也可直接与膜上的酶或与受体共价结合。这些氧化损伤破坏了镶嵌于膜系统上的许多酶和受体、离子通道的空间构型，使膜的完整性被破坏，膜流动性下降、脆性增加，细胞内外或细胞器内外物质和信息交换障碍，影响膜的功能与抗原特异性，导致广泛性损伤和病变。如大部分在细胞器中产生的·OH，可以造成线粒体膜的损伤，导致细胞和机体的能量代谢障碍。

## 第二节　活性氧稳态调控

### 一、活性氧是一把"双刃剑"

在正常条件下，潜在有毒的 ROS 会以低水平产生，并且在产生和清除之间存在适当的平衡。这种平衡可能会受到许多不利环境因素的干扰，导致细胞内 ROS 水平迅速增加，进而导致对脂质、蛋白质和核酸的氧化损伤，因此，这被称为氧化应激，可以破坏一些积极的生物过程，如光合作用、细胞周期、导致程序性细胞死亡等。ROS 是一把双刃剑，其稳态的精准调控有利于植物环境应激和生长发育的平衡。ROS 调控系统的研究长期以来就是氧化还原生物学领域的研究热点。在植物细胞中，叶绿体、线粒体和过氧化物酶体等不同细胞器中发现了特定的 ROS 产生和清除系统，包括非酶促和酶促成分，以建立稳定的 ROS 稳态。

## 二、非酶促系统

非酶类抗氧化剂包括类黄酮、α- 生育酚、抗坏血酸、谷胱甘肽、胡萝卜素和甘露醇。这些物质既可直接与 ROS 反应，将其还原，又可作为酶的底物在 ROS 清除中发挥重要作用。它们与许多细胞成分相互作用，除了在防御中起关键作用和作为酶辅助因子外，这些抗氧化剂还通过调节从有丝分裂和细胞伸长到衰老和细胞死亡的整个过程来影响植物的生长和发育。非酶抗氧化剂含量降低的植物突变体已被证明对许多环境胁迫敏感（Semchuk, *et al.*, 2009）。

### 1. 抗坏血酸和谷胱甘肽

抗坏血酸和谷胱甘肽在 ROS 脱毒过程中起重要作用，它们可直接与 ROS 反应，将其还原，又可作为酶的底物在 ROS 清除过程中扮演重要角色。此外，抗坏血酸在 α- 生育酚和玉米黄质的再生循环中充当还原剂。抗坏血酸的第三种功能是在叶绿体表面作为还原剂参与抗坏血酸过氧化物酶介入的 $H_2O_2$ 清除，在这一过程中，抗坏血酸被氧化成单脱氢抗坏血酸。

### 2. 甘露醇

甘露醇是已知的·OH 清除剂。在氧化胁迫下，甘露醇可以保护巯基酶类或其他巯基调控的叶绿体组分，如黄素蛋白、硫氧还蛋白和谷胱甘肽。甘露醇可以减轻·OH 对卡尔文循环中巯基酶类的代表磷酸核酮糖激酶（ribulose-5-P-kinase，PRK）的破坏，使之具有较高的活性。将细菌编码甘露醇 -1- 磷酸脱氢酶（mannitol-1-phosphate 5-dehydrogenase，Mt1D）的基因转入烟草中，使之在叶绿体中表达积累甘露醇，最终使得转基因植株具有较高的 PRK 活性（Shen, *et al.*, 1997）。尽管甘露醇对巯基酶具有保护作用，但体内的直接证据仍未获得，故仍需进一步研究以阐明甘露醇对细胞保护的重要性。

### 3. 类黄酮

类黄酮与抗坏血酸和 α- 生育酚一样，是主要的 ROS 清除剂。体外研究表明，类黄酮可以直接清除活性氧。但在体内却未必如此，因为类黄酮主要定位于液泡，而活性氧离子并不能从叶绿体扩散至液泡中，因而在植物细胞中，类黄酮只能在活性氧的产生部位或附近部位进行清除，如液泡或细胞壁。而 $H_2O_2$ 却比较稳定而且能够穿过生物膜，故而类黄酮在 $H_2O_2$ 的清除中扮演极为重要的角色。当细胞中的 $H_2O_2$ 水平在植物快速生长或受到胁迫、或在幼年叶片中抗坏血酸不足、或在抗坏血酸缺失突变体中升高时，类黄酮作为一个重要的防护措施保护细胞免受破坏。应该指出的是抗氧化功能不是类黄酮的自身特征，而是植物酚类的一个总的特征。

## 三、酶促系统

过氧化物酶是植物 ROS 稳态调控的主要酶促抗氧化系统（图 1-3），这些酶通常能够通过吸收电子来催化 $H_2O_2$ 的还原，以氧化各种底物，例如木质素亚基和一些氨基酸侧链。这些酶在植物从萌发到衰老的整个过程中都发挥着非常重要的作用。由于原卟啉IX和 Fe（III）的存在，它们可分为血红素和非血红素过氧化物酶。在植物中，过氧化物酶超家族由 7 个家族组成：CIII类过氧化物酶（CIII peroxidase，CIII Prx）、抗坏血酸过氧化物酶（ascorbate peroxidase，APX）、抗坏血酸过氧化物酶相关蛋白（ascorbate peroxidase related，APX-R）、过氧化氢酶（CAT）、谷胱甘肽过氧化物酶（GPX）、过氧化物氧还蛋白（peroxiredoxin）、$\alpha$-双加氧酶（dioxygenase，DiOx）。除了这七个家族的过氧化物酶，植物呼吸爆发氧化酶同源物（respiratory burst oxidase homolog，Rboh），也称为 NADPH 氧化酶（NOX），在 ROS 的平衡调控中发挥重要作用，其作为 ROS 的产生者参与氧化还原酶系统组成。除了过氧化物酶类的 ROS 清除酶，常见的超氧化物歧化酶也是重要的 ROS 清除酶系统。

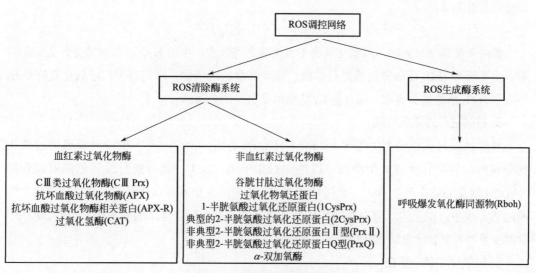

图 1-3 植物过氧化物酶超家族

### 1. CIII类过氧化物酶

CIII类过氧化物酶（CIII Prx）（EC 1.11.1.7）属于分泌型植物特有的过氧化物酶，仅在植物中被发现，并且形成成员众多的基因家族。它们具有钙离子结合位点、二硫键和用于分泌的 N 端信号。CIII Prx 参与植物从萌发到衰老的许多不同过程，例如生长素代谢、细胞壁伸长、细胞壁硬化和抵御病原体等。

### 2. 抗坏血酸过氧化物酶

抗坏血酸过氧化物酶（APX）（EC 1.11.1.11）是清除 $H_2O_2$ 的主要酶类，根据其在植物细胞中的定位可以分为 3 类：类囊体 APX、微体 APX 和细胞质 APX。APX 催化 $H_2O_2$ 还原的化学反应如下：

$$2\text{抗坏血酸} + H_2O_2 \longrightarrow 2\text{单脱氢抗坏血酸} + H_2O$$

产生的单脱氢抗坏血酸可通过不同的途径被还原。APX 属于 C I 类过氧化物酶，可在所有含有叶绿体的生物体中检测到。APX 家族是一个小的多基因家族，基因序列和基因结构在不同的生物体中是非常保守的。

### 3. 抗坏血酸过氧化物酶相关蛋白

抗坏血酸过氧化物酶相关蛋白（APX-R）是一种新分类的含血红素蛋白，在功能上与 APX 相关，但在进化上与每个 APX 家族成员不同。APX-R 蛋白在结构上也与 APX 相关，虽然活性位点包含许多保守的替换。与其他植物过氧化物酶家族不同，APX-R 在几乎所有的物种中都由单拷贝基因编码。与野生型相比，APX-R 基因敲除水稻的发育延迟并且抗氧化系统的稳定状态受到明显干扰（Lazzarotto et al., 2011）。此外，APX-R 转录本的积累受到水稻干旱、紫外线照射、寒冷和铝暴露的调节，表明 APX-R 参与了环境胁迫响应。

### 4. 过氧化氢酶

过氧化氢酶（CAT）（EC 1.11.1.6）主要存在于植物过氧化物酶体与乙醛酸循环体中。CAT 可催化如下反应：

$$2H_2O_2 \longrightarrow O_2 + 2H_2O$$

酶的亚细胞分布表明，过氧化氢酶主要清除光呼吸中产生的 $H_2O_2$。然而情况并非如此简单，主要因为 $H_2O_2$ 可以穿过膜进行扩散，而非严格的区域化。研究表明，过氧化氢酶是 $C_3$ 植物中 $H_2O_2$ 清除的关键酶，而且是 $C_3$ 植物耐受胁迫所必需的。

### 5. 谷胱甘肽过氧化物酶

谷胱甘肽过氧化物酶（GPX）（EC 1.11.1.9）是机体内广泛存在的一种重要的过氧化物分解酶。谷胱甘肽过氧化物酶可以催化 GSH 产生 GSSG，而谷胱甘肽还原酶可以利用 NADPH 催化 GSSG 产生 GSH，通过检测 NADPH 的减少量就可以计算出谷胱甘肽过氧化物酶的活力水平。在上述反应中谷胱甘肽过氧化物酶是整个反应体系的限速酶，因此 NADPH 的减少量和谷胱甘肽过氧化物酶的活力线性相关。

### 6. 过氧化物氧还蛋白

过氧化物氧还蛋白是一个小而高度保守的家族，包含 4 个亚家族：1- 半胱氨酸过氧化还原蛋白（1CysPrx）、典型的 2- 半胱氨酸过氧化还原蛋白（2CysPrx）、非典型 2- 半胱氨酸过氧化还原蛋白 II 型（Prx II）和 Q 型（PrxQ）。这些酶具有相同的基本催化机制，其中活性位点中的氧化还原活性半胱氨酸（过氧化半胱氨酸）被过氧化物底物氧化成次磺酸。

### 7. α- 双加氧酶

α- 双加氧酶（DiOx）（EC 1.13.11.43）构成了植物中的脂肪酸代谢酶家族。该酶在植物中的表达已被证明响应非生物和生物胁迫诱导，包括细菌感染、细胞死亡的细胞信号、高盐度、机械损伤和重金属毒害等。

### 8. 植物呼吸爆发氧化酶同源物

植物呼吸爆发氧化酶同源物（Rboh）（EC 1.15.1.1）是人类中性粒细胞病原体相关 gp91phox 的同系物，在植物中形成一个小的多基因家族。当植物感知来自环境的压力时，

Rboh 充当 ROS 的生产者。ROS 的快速生成被认为是植物对病原体攻击的抗性反应的重要组成部分。Rboh 活性降低的番茄株系中 ROS 的水平降低，暗示 Rboh 在建立细胞氧化还原环境中的重要作用（Sagi，*et al.*，2004）。

### 9. 超氧化物歧化酶

超氧化物歧化酶（SOD）是生物体内存在的一种抗氧化金属酶，它能够催化超氧阴离子自由基歧化生成 $O_2$ 和 $H_2O_2$，在机体氧化与抗氧化平衡中起到至关重要的作用，与很多疾病的发生、发展密不可分。按照 SOD 中金属辅基的不同，大致可将 SOD 分为三大类，分别为 Cu/Zn-SOD、Mn-SOD、Fe-SOD。SOD 的催化作用是通过金属离子 $M^{n+1}$（氧化态）和 $M^n$（还原态）的交替电子得失实现的。一般认为，超氧阴离子自由基首先与金属离子形成内界配合物，$M^{n+1}$ 被体内的超氧阴离子自由基还原为 $M^n$，同时生成 $O_2$，$M^n$ 又被 $O_2^{\cdot-}$ 氧化为 $M^{n+1}$，同时生成 $H_2O_2$。而 SOD 又被氧化为初始氧化态的 SOD。最后，$H_2O_2$ 在过氧化氢酶的作用下，被催化分解为水和 $O_2$。

# 第二章

# CⅢ类过氧化物酶

CⅢ类过氧化物酶（CⅢ Prx）在植物细胞壁木质化、植物登陆和进化、抵御生物和非生物胁迫中发挥重要的功能。CⅢ Prx 是一个大型多基因家族，系本研究重点关注的一个氧化还原酶家族，本章专门对 CⅢ Prx 家族的生物学功能多样性进行介绍。

## 第一节　CⅢ类过氧化物酶的酶促循环

在拟南芥、桉树、水稻和二穗短柄草中 CⅢ Prx 家族分别含有 73 个、181 个、138 个和 143 个（Fawal, *et al.*, 2013）。如此大的基因家族和大量的基因重复事件使得该家族成为基因进化研究的有趣的对象，而且这种大规模的基因复制可能参与了植物生命周期中广泛的生理过程。由于 CⅢ Prx 参与两个酶促循环：过氧化循环（peroxidaditive cycle）和羟基循环（hydroxylic cycle），赋予了 CⅢ Prx 的双重身份，既可以作为 ROS 清除的酶，也可以作为 ROS 的生产者（图 2-1）。根据 CⅢ Prx 参与的两个酶促循环可知，CⅢ Prx 参与植物从种子萌发到衰老的许多不同过程，例如 ROS 的产生和清除、细胞壁构建、细胞壁伸长和基于 ROS 生成的病原体抵御。这些功能基于过表达某个 CⅢ Prx 基因的转基因植物的体外催化特性、表达谱、定位和特征。然而，尚未发现单

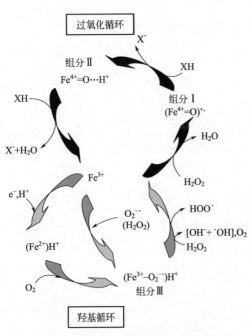

图 2-1　CⅢ Prx 参与的两个酶促循环

一过氧化物酶在体内的确切作用，这主要是因为 CⅢ Prx 底物的范围很广，并且其中一些蛋白质可能具有功能冗余。CⅢ Prx 的复杂作用可以通过其底物的多样性和表达的时空调节来解释，因此，它们的功能分析仍然具有挑战性。

## 第二节 CⅢ类过氧化物酶的功能多样性

### 一、CⅢ类过氧化物酶参与细胞壁木质化

木质素是维管植物细胞壁的主要成分，由复杂的芳香杂聚物组成。通过 CⅢ Prx 和 / 或漆酶催化的氧化偶联，新单体与细胞壁中正在生长的聚合物（或低聚物）的重复自由基偶联进行木质素聚合。因此，由有助于木质素聚合的 CⅢ Prx 基因操作引起的表型结果可能导致木质素表型的变化。使用转基因植物的分析表明，烟草中 NtPrx60 的反义抑制导致木质素水平显著降低（Blee, *et al.*, 2003）。

### 二、CⅢ类过氧化物酶参与植物非生物胁迫响应

越来越多的研究证明了 CⅢ Prx 在抵御非生物胁迫中的重要功能。CⅢ Prx 的表达由各种非生物环境胁迫所诱导，例如金属、臭氧、温度、缺氧、磷酸盐饥饿、硫耗竭和钾缺乏等，表明 CⅢ Prx 参与植物防御。使用转基因植物的分析表明，过表达 AtPrx3 的拟南芥显示出脱水和耐盐性增加，而 AtPrx3 表达的反义抑制产生脱水和盐敏感性表型（Llorente, *et al.*, 2002）；长春花的 CrPrx1 和 CrPrx 分别提高了盐和脱水胁迫下的发芽率，并增强了对冷胁迫处理的耐受性（Kumar *et al.*, 2012）；在拟南芥中过表达的水稻的 OsPrx38 可以减少由于质外体木质化而引起的砷积累（Kidwai, *et al.*, 2019）。

### 三、CⅢ类过氧化物酶参与植物生物胁迫响应

植物拥有复杂的细胞防御系统，以保持它们对潜在有害病原体的抵抗力。氧化爆发，特别是 $H_2O_2$ 和 $O_2^{\cdot-}$ 的产生，是植物细胞对病原体感染的最常见先天反应。作为植物中 ROS 稳态调控的关键酶，CⅢ Prx 具有多种功能，具体取决于过氧化循环（ROS 清除）或羟基循环（ROS 产生）。植物防御反应由 ROS 水平和过氧化物酶产生的自由基控制，它们介导细胞壁强化、损伤修复以增强植物抗性。ROS 也可作为共价细胞壁修饰的催化剂、细胞死亡反应的信号和抗性相关基因的调节剂。在植物中，高浓度的 ROS 会增强细胞壁并抑制病原体生长，通过过敏反应（hypersensitivity reaction, HR）增强宿主对病原体的抵抗力，并作为信号分子调节防御基因表达。然而，ROS 的大量积累也可能通过抑制植物生长和发育而对植物细胞产生毒性。因此，ROS 稳态需要通过抗氧化化合物和酶来维持。在植物细胞中，ROS 由细胞质膜的 NADPH 氧化酶、CⅢ Prx 及其相关途径产生。此外，ROS 清除剂超氧化物歧化酶、过氧化氢酶和谷胱甘肽转移酶等与 ROS 生产者合作以维持 ROS 的稳态。

CⅢ Prx 是许多植物对真菌和细菌病原体的先天抗性的关键，并介导被动和主动防御机制，这种介导的效率决定了它们对病原体感染的易感性。在法国豆和烟草植物中，质外体 CⅢ Prx 产生 ROS 并作为共价细胞壁修饰和细胞死亡调节剂的催化剂。越来越多的研究已经确定了这种酶与病原体攻击之间的联系，并且利用 CⅢ Prx 提高了宿主的抵抗力。蚕豆黄花叶病毒感染导致蚕豆叶片中丙二醛和 $H_2O_2$ 的水平增加；在被黄花叶病毒感染的叶子中也观察到增强的 CⅢ Prx 和 SOD 活性，这表明这些抗氧化酶调节了 ROS 的产生以响应病原体感染。增加植物中过氧化物酶的表达可以有效地增加植物对疾病的抵抗力，例如，HvPrx40 和 TaPrx10 的过表达导致小麦（*Triticum aestivum*）对小麦白粉病的更高水平的抗性；反义 FBP1 从菜豆到拟南芥的转导导致 *AtPrx*33 和 *AtPrx*34 转录物的减少，并且植物对真菌和细菌病原体的易感性增加，氧化爆发受损（Daudi, *et al.*, 2012）；拟南芥中异源表达来自辣椒的 CaPrx2 增强了伴随细胞死亡、$H_2O_2$ 积累和发病相关基因诱导的抗病性（Choi, *et al.*, 2007）；OsPrx30 通过介导水稻白叶枯病诱导的 ROS 积累，增强抗病性。当然，由于 CⅢ Prx 的进化多样性和功能多样性，不同的研究在 CⅢ Prx 和抗病性之间得出了不同的结果。如过表达 LePrx06 使番茄更容易受到丁香假单胞菌感染，而 LePrx06 的抑制可以增强对这种病原体的抵抗力。

第二篇

# 氧化还原酶数据库与多基因家族注释

# 第三章
# 氧化还原酶数据库

数据库是生物信息时代科学研究中不可或缺的工具。一个专门的数据库可以使研究人员有针对性地轻松访问大量序列，进行比较分析、进化分析等，有助于阐明它们在几乎所有生物体中极其广泛和多样化的存在的奥秘。数据库中还应包含序列的查询、分类和提交的特定工具以及友好的交互界面。为了满足对氧化还原酶的研究需要，我们对创建于 2006 年的过氧化物酶数据库进行了两次大的版本升级，不仅大大增加了数据种类、数据数量，而且开发了多个实用工具和现代风格的交互界面。基于这些数据和工具，能够实现氧化还原酶家族的挖掘、进化分析和结构分析等。本章对 PeroxiBase 的建立与升级进行介绍，包括数据库的特点、功能、工具以及使用方法等。

## 第一节　C Ⅲ 类过氧化物酶数据库

### 一、C Ⅲ 类过氧化物酶数据库 PeroxiBase

最初的 PeroxiBase 是于 2006 年建立的针对 C Ⅲ Prx 的数据库。数据库中内置有来自不同生物体的 C Ⅲ Prx 序列，该版本数据库由一个核心数据集组成，其中包含来自 125 个物种的超过 2000 个 C Ⅲ Prx 编码序列，可以对 C Ⅲ Prx 进行全局概览和数据分析。

该版本的 PeroxiBase 主要包括三个模块。

（1）多参数搜索　该模块允许从整个数据集中进行文本查询，关键字包括组织类型、登录号、诱导物 / 抑制物以及序列和生物体的名称。

（2）根据物种信息浏览数据　可以独立查看每个物种中存在的 C Ⅲ Prx 的信息，当检索到这些条目后，每个文件都包含指向相应数据库（NCBI、TIGR、PGN、Sputnik）以及 Swiss-Prot 和 DNA 序列的直接链接。此外，EST 的数量、细胞定位和组织表达类型都包括在内。

（3）Blast 可以针对蛋白质序列进行 Blast 比对且对结果进行可视化。

## 二、过氧化物酶数据库

C Ⅲ Prx 数据库在 2007 年进行了较大的版本升级（图 3-1）。该升级版的 PeroxiBase 中的数据由 C Ⅲ Prx 家族数据扩展到所有的过氧化物酶家族，包含血红素和非血红素过氧化物酶家族。2007 年升级版本的 PeroxiBase 中数据量大大增加，包含所有已鉴定的过氧化物酶编码序列（940 个生物体中的约 6000 个序列），它们分布在 11 个超家族和大约 60 个亚家族之间。所有序列都已单独注释和检查。由于之前缺乏统一的命名法，数据库还为每个不同的过氧化物酶家族引入了独特的缩写和统一、规范的命名。该升级版的 PeroxiBase 除了过氧化物酶的新类别外，还创建了新的特定工具，以方便过氧化物酶的查询、分类和提交数据。

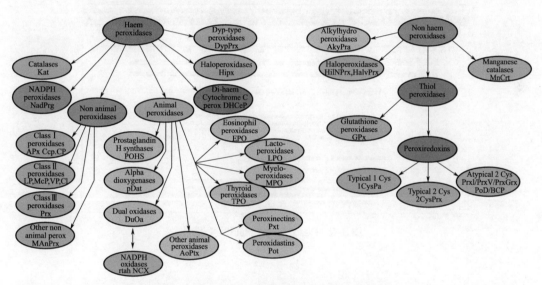

图 3-1 PeroxiBase 数据库中的过氧化物酶家族

## 三、过氧化物酶家族分类工具 PeroxiScan

在 2007 年升级版的 PeroxiBase 中，一种对过氧化物酶进行分类的工具 PeroxiScan 被开发并添加到数据库中。该工具有助于找出该序列属于哪个过氧化物酶家族类型。用户只需要提供蛋白质序列并提交运算，PeroxiScan 即可根据其序列中的特征性序列对该序列所属的家族进行判断，并给出分类建议（图 3-2）。

经过以上升级，PeroxiBase 已然成为过氧化物酶的专门数据库，使数据存储、分享、检索、比对、分类、标准化管理等成为现实，成为过氧化物酶研究的重要工具。但是，PeroxiBase 仍有更多的功能需求亟待被开发，如：①数据的自动注释程序，可以使数据的增加更加便捷、高效；②基因的进化分析流程；③除了过氧化物酶之外更多的与活性氧调控相关的基因家族；④基因结构的分析，蛋白质分析工具；⑤更多的基因数据和物种数据等。这些都是本研究关注的主要内容。

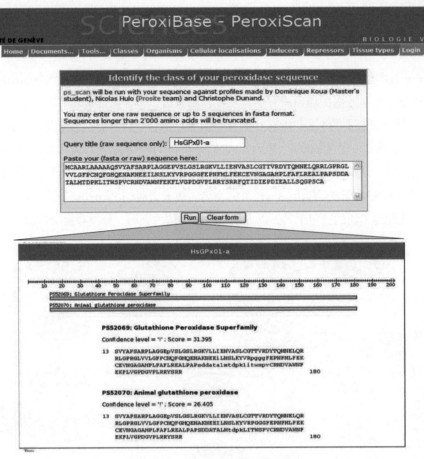

图 3-2 PeroxiScan 界面和运行结果

# 第二节 过氧化物酶进化分析数据库

## 一、过氧化物酶数据库的升级概述

随着数据库中内置的物种和序列的增加，PeroxiBase 已成为过氧化物酶基因家族领域鉴定和分析的重要工具。自 2006 年以来，它在 UniProt 和拟南芥数据库 TAIR 中被交叉引用。尽管还有几个数据库集成了过氧化物酶家族的条目，比如 CAZy 和 MEROPS 等，但 PeroxiBase 仍然是独一无二的，因为它不是公共序列的自动存储库，而是经过专家注释，而且内置了专用的注释和分析流程。事实上，全自动基因组注释会产生许多错误的序列，尤其是基因合并或分裂的问题，在处理容易发生串联重复的特定家族（如 CⅢ Prx）时，情况更是如此。因此，PeroxiBase 的特点是手动的序列注释程序，所得高质量数据是执行系统发育分析所需的质量保证。PeroxiBase 是一个动态数据库，不断更新内置的工具和功能，以及持续不断添加新序列。因此，对来自所有物种的过氧化物酶的高注释质量仍然是我们的主要关注点，但大量的基因组序列需要开发用于半自动注释的工具，以提高注释效率。

在研究过程中我们持续更新了过氧化物酶专业数据库 PeroxiBase，这个数据库可以储存我们所获得的大量基因数据。在该版本发布时，PeroxiBase 中的过氧化物酶的数据量得到了显著增加，有超过 12000 条过氧化物酶数据已被添加到这个数据库中，涵盖植物、动物和微生物等各类生命体。当然，PeroxiBase 也不仅仅只是一个数据库，因为这里持续升级或添加许多有用的内置工具，比如我们可以用 Blast 和 Search 进行比对和检索，可以用新版 PeroxiScan 对过氧化物酶进行分类，可以用 CIWOG 和 GECA 进行基因结构分析，可以用 PhyML 进行系统发育分析，可以用 Galaxy 在 NCBI 中检测我们的基因所对应的 EST 信息，这些 EST 信息有助于对这些基因功能的注解（图 3-3）。这个数据库以法国农科院 GENO TOUL 服务器为运算核心，这也就使得它拥有足够的能力进行大规模的复杂的进化学分析。我们更新了 PeroxiScan 工具中实现的特定于基因家族的配置文件，并制作了新的配置文件以考虑新的子家族。基于新 PeroxiBase，过氧化物酶多基因家族的半自动注释流程也得以开发，以从基因组序列和 EST 文库中自动生成新条目。基于持续膨胀的数据量、高效的工具和强大的计算集群，新版 PeroxiBase 其实已经演变为一个工作平台，可以用来进行大规模的数据挖掘、处理和遗传进化分析等。除了上述升级之外，数据库也配备了全新的 Web 交互界面以适应新数据库的运行（图 3-4）。所以，这个数据库已然成为过氧化物酶研究的强有力的工具。

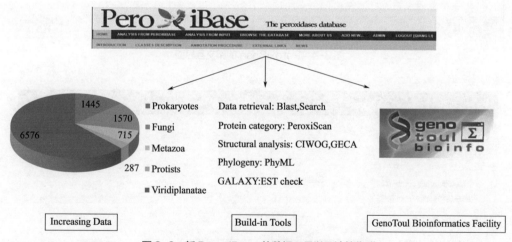

图 3-3　新 PeroxiBase 的数据工具以及计算集群

（扫封底或勒口处二维码看彩图）

## 二、多参数检索

在该版本的 PeroxiBase 中，多参数搜索工具得到了极大改进，允许使用多种方法来优化和限制查询条件，也可以组合多个参数进行多重查询（图 3-5）。进行完一次多参数检索之后的结果，允许再次自定义参数进行数据限制性过滤，在最终的结果列表中，又可以对结果进行第三轮的多条件过滤，最终可以使得到的检索结果更加准确、更加有针对性。

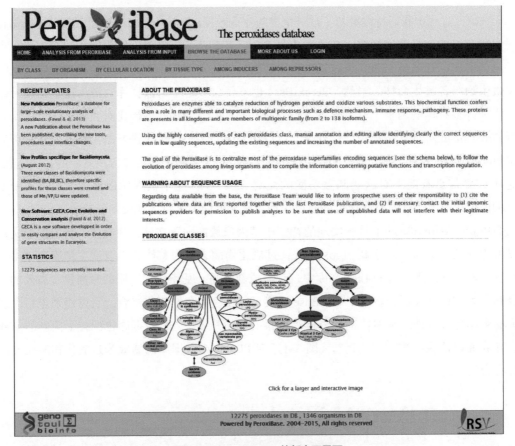

图 3-4　PeroxiBase 的新交互界面

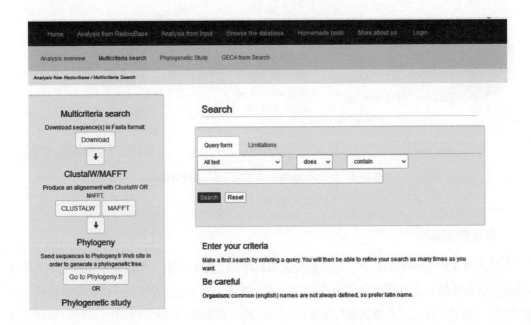

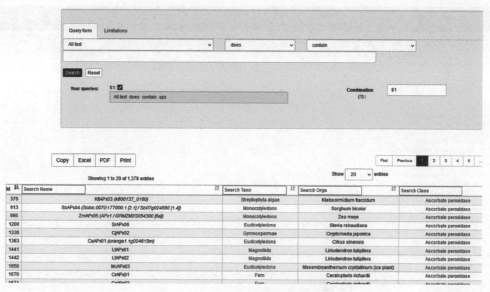

图 3-5　PeroxiBase 中的多重检索功能

## 三、多基因家族半自动注释

　　为了提高质量并加快注释过程，该版本的 PeroxiBase 中开发了两种不同的策略来生成新基因条目。一种是基于 Scipio 程序，这是一种高效的比对工具，能够处理剪接位点以将蛋白质精确映射到基因组上并产生高质量的结构注释（Keller, *et al.*, 2008）。它生成外显子 - 内含子结构、DNA 和编码 DNA 序列（CDS），这些序列直接转移到相应的基因条目并内置于 PeroxiBase。基因组交叉参考信息的创建也包括在这个过程中，即将各类型的序列信息以及序列编号、染色体定位等信息增加到对应的每条基因条目中。第二种策略是基于结合序列比对的方法，从表达序列标签（expressed sequence tags，ESTs）库中生成组装的序列，这允许添加新的表达数据（EST 数量、组织类型等）到基因条目。该策略是使用内置于数据库的 Galaxy 工具实现的（Goecks, *et al.*, 2010）。这两种策略在数据库界面中虽然不能被一般用户看到，但 PeroxiBase 团队的成员可以在后台经常使用它们来验证和添加新序列，并且可以与所有贡献者共享新基因条目的注释信息和过程。

## 四、基因家族分类工具：新 PeroxiScan

　　前一版本的 PeroxiScan 中已经内置了隐马尔可夫模型（hidden markov model，HMM）的配置文件用以定义主要的过氧化物酶家族和类别。但随着条目数量的增加，必须更新基因家族的特征集，以使它们更具代表性。此外，新 PeroxiScan 中增加了新的配置文件以考虑新的亚家族。目前，PeroxiScan 上已经安装了 80 多个模型文件，涵盖所有生物的所有过氧化物酶家族。这些配置文件是使用系统发育分析后通过聚类获得的原始数据集而设计的。此外，在这些配置文件中考虑了每个子类的关键残基，使它们的归属更加具体。定义这些子类并设计具体对应的配置文件，对理解这个超家族的演化有很大帮助。在新的 PeroxiScan 中，用户仅仅需要提供过氧化物酶的氨基酸序列即可一步获得该酶的家族归属建议（图 3-6）。

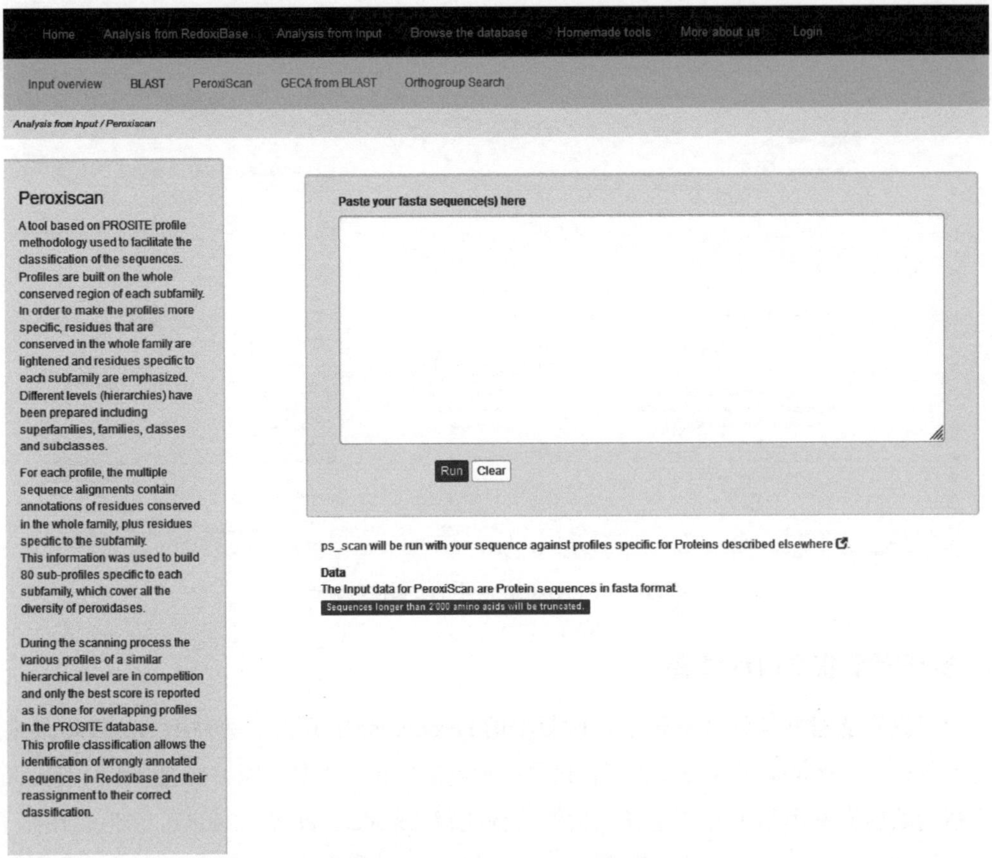

图3-6 新 PeroxiScan 的运行界面

## 五、进化分析的新工具: PhyML

为了尝试建立一个进化分析程序，我们提供了 ClustalW 和 MAFFT 连接不同数据的工具，例如蛋白质和核酸序列的相似性、基因结构、关键残基的存在、染色体上的定位和重复事件等。ClustalW 和 MAFFT 可以在多标准搜索后直接在线使用，并且允许连接到系统发育网站（http：//www.phylogeny.fr）使用 PhyML 进行系统发育分析（图 3-7）。

## 六、基因结构分析的可视化工具: GECA

为了分析基因外显子 / 内含子结构，突出显示基因家族成员之间基因结构的变化，我们开发了 GECA 工具。它基于蛋白质序列比对，并通过 CIWOG 进行的相应基因中常见内含子的鉴定来完成（Wilkerson，et al.，2009）。GECA 可以将几个基因结构的比较与它们在序列水平上的保守性可视化展示出来（Fawal，et al.，2012）。

用户上传数据后，GECA 自动绘制基因结构图，其中外显子按比例计算，而有关内含子实际长度，在此表示中使用均一化的大小，由 CIWOG 使用的颜色代码给出。为了显示序列之间的相似性，GECA 使用 MAFFT 产生的蛋白质比对进行展示，比对中如果两个氨基酸相同，则由蓝线连接。比对中超过五个氨基酸的空白显示为灰色。最后，外显子和内含子大小是根据基因组坐标计算的，并分别以黑色和红色显示在外显子和内含子下面（图3-8）。

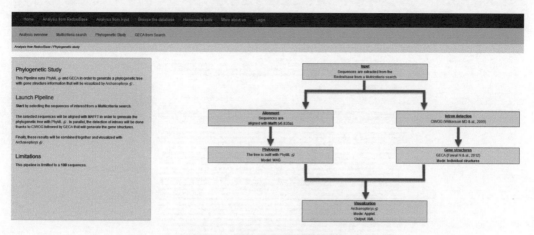

图3-7 进化分析流程与运行界面

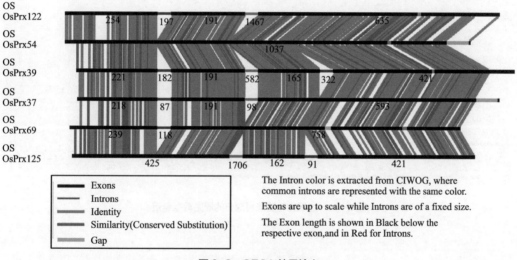

图3-8 GECA结果输出

## 七、新数据类型和展示方式

由于开发了新的注释程序，核苷酸序列（基因组、cDNA和CDS）可以在可用的条目中被直接找到（图3-9）。数据库中还提供了基因组序列上的位置以及到专用基因组浏览器的直接链接（图3-10）。此外还提供了GenBank格式的基因结构信息以及示意图（图3-11）。

## 八、更多的数据量

新版本PeroxiBase中包含超过1200个物种，分别隶属于五个生物界：原核生物界、原生生物界、真菌界、动物界和植物界，其中原核生物界和植物界物种最多（图3-12）。新版本PeroxiBase中包含超过10000个基因（蛋白质）条目，其中植物界的条目最多，占62%（图3-13）。随着物种的范围覆盖全部的五个生物界，该数据库已成为过氧化物酶基因家族最全面的数据库。

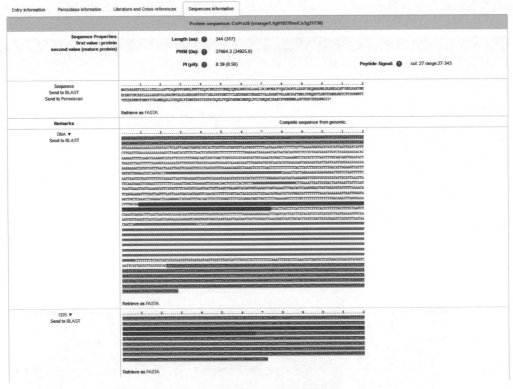

图 3-9 PeroxiBase 的序列类型

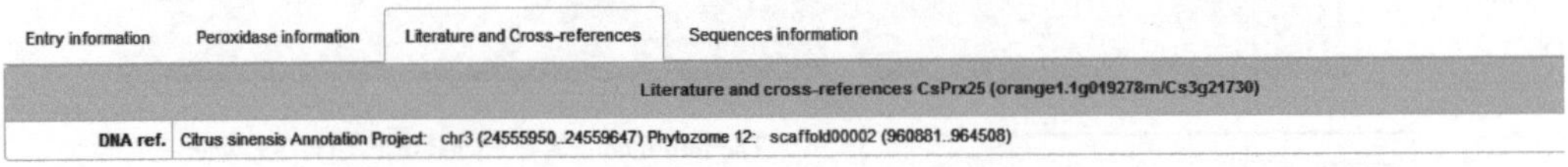

图 3-10 过氧化物酶条目对应的原始数据链接

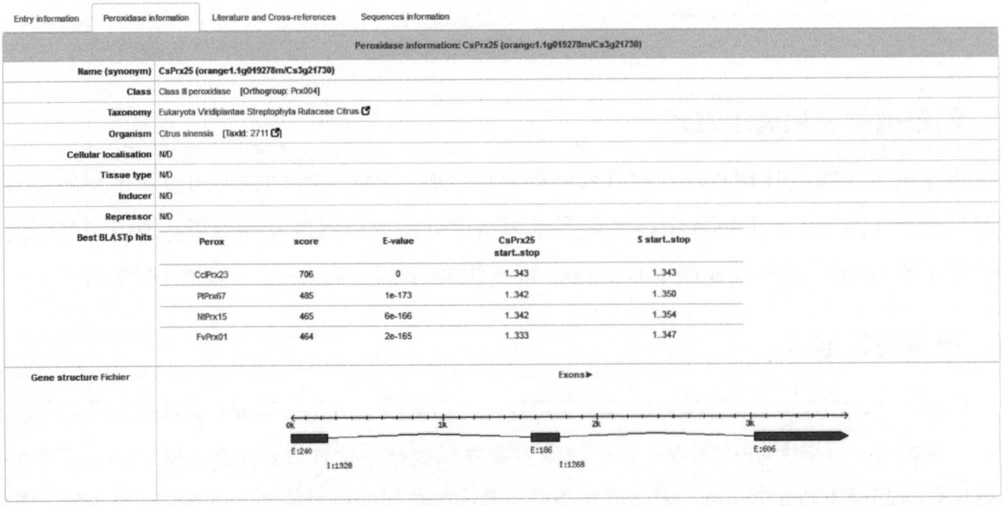

图 3-11 过氧化物酶条目对应的信息展示

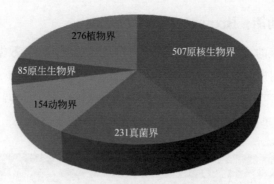

图 3-12 PeroxiBase 中的物种分界

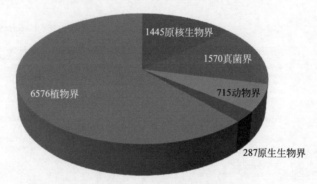

图 3-13 PeroxiBase 条目在各界生物中的分布

## 九、新 PeroxiBase 的工作流程

基于上述更新，PeroxiBase 实现了对多类型数据（基因组数据、蛋白组数据、表达数据、原始测序数据）进行序列半自动注释；对多类型数据（蛋白质序列、DNA 序列、CDS 序列、表达数据、基因结构信息等）进行存储与展示，利用多工具（数据检索、数据浏览、序列比对、序列组装、基因结构展示、数据交叉链接、基因家族分类、进化分析）进行基因挖掘、比较分析和进化分析等研究（图 3-14）。

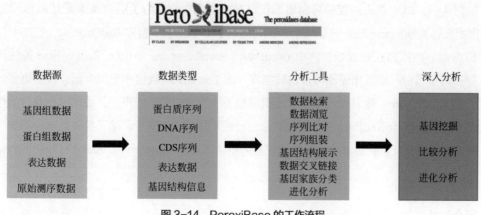

图 3-14 PeroxiBase 的工作流程

## 十、数据库的基本功能：Browse the Database

除了上述的新升级的功能，PeroxiBase 仍可以进行数据库内置数据的全局浏览和自定义浏览。在此功能中，用户可以根据蛋白质分类（class）、物种（organism）、亚细胞定位（cellular localisation）、组织类型（tissue type）、诱导因子（inducers）、抑制因子（repressors）和同源物（Orthogroup）等分类依据进行筛选和分类浏览（图 3-15）。

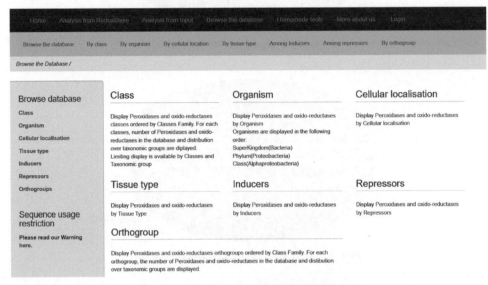

图 3-15 PeroxiBase 中的数据分类浏览功能

# 第三节 RedOxiBase：活性氧稳态调节蛋白质数据库

## 一、RedOxiBase 概述

植物体中，ROS 稳态调控的蛋白质不仅仅是过氧化物酶。为了更全面地研究 ROS 稳态调控基因家族，在新 PeroxiBase 的基础上，我们提出了一个新的数据库 RedOxiBase，它是专用于 ROS 稳态调节的蛋白质家族数据库 RedOxiBase（Savelli, et al., 2019）。RedOxiBase 关注所有 ROS 稳态调节蛋白，即氧化还原酶蛋白质家族，比 PeroxiBase 数据库更加全面，数据更多，关注领域更广（图 3-16）。随着可用基因组的积累和关注的蛋白质家族更广，数据库中包含的序列数量大幅增加，在 RedOxiBase 中的蛋白质条目已经增加到 15136 个。除了扩大数据库的关注领域之外，我们还开发了新的进化分析和比较基因组学工具 Orthogroup、Circos 和 Chromodraw。

## 二、新的交互界面

配合新的名称，数据库的界面也进行了升级并使用了新标志（图 3-17）。此外，为了改进数据库的管理，以及脚本执行和数据库查询的速度，Web 应用程序已在开源 PHP 框架中实现。

该框架使用模型 - 视图 - 控制器概念，允许更快的开发、最佳的安全性、更好的代码维护以及在实验室中使用相同框架开发的应用程序的可重复使用性。而且，一个新的强大的计算集群，给该数据库的系统发育和聚类分析等功能提供了更强大的运算保障。

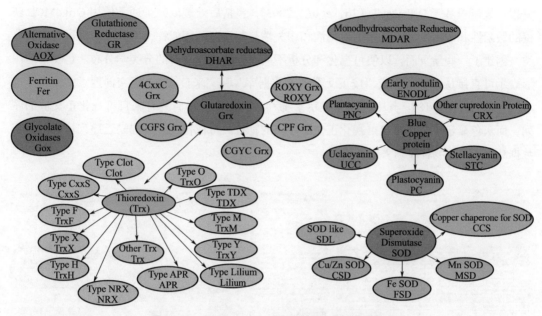

图 3-16　RedOxiBase 中新增的氧化还原酶超家族

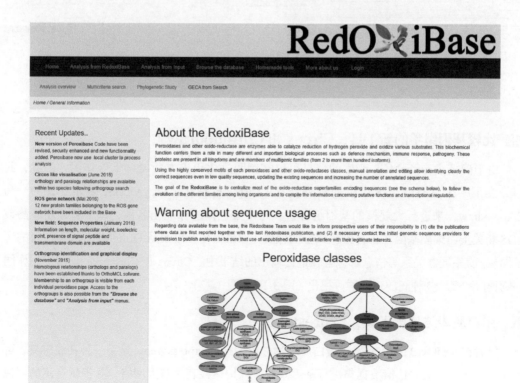

图 3-17　RedOxiBase 的交互界面

### 三、进化分析的新工具：Orthogroup

　　正交群（Orthogroup）被定义为一组具有共同祖先的氧化还原酶或ROS相关蛋白。因此，它们是一组直系同源物或旁系同源物。为了执行聚类分析和可视化，我们开发了一种特定的流程。该流程基于OrthoMCL（Li, *et al.*, 2003），包括后处理以减少通常使用OrthoMCL获得的假阳性和假阴性。该流程的独创性和相关性是基于序列相似性为部分序列提供正交群分类，创建了一些新页面，以便可视化和分析不同生物体内正交群的分类学分布。正交群的图形表示可直接从一个条目或"按正交群浏览数据库"和"来自输入/正交群搜索的分析"选项卡中获得（图3-18）。其中，绿色显示了物种及其祖先，它们具有来自可视化正交群的序列，而灰色显示了没有来自可视化正交群序列的物种。可视化正交群内缺乏序列可能是由于数据缺失或给定物种序列丢失所致。

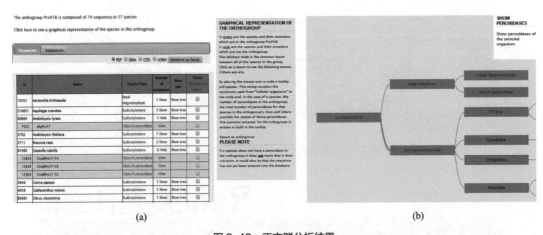

**图3-18　正交群分析结果**

（a）包含属于所选正交群的序列的物种列表；（b）Orthogroup内分类分布的可视化

### 四、比较基因组学的新工具：Circos和Chromodraw

　　由于确信由OrthoMCL产生的信息可以在阐明进化历史方面发挥重要作用，因此，我们开发了一个具有染色体定位的额外流程：Circos可视化（Krzywinski, *et al.*, 2009）和Chromodraw，来进行大规模的基因组分析。每个染色体的标准化名称、每个氧化还原酶或ROS相关蛋白编码基因在各自染色体上的位置（如果可用）以及从OrthoMCL流程获得的旁系同源/直系同源关系等信息都包含在最终输出的结果中。Circos和Chromodraw可以用作同一物种内和多个物种间的正交群可视化（图3-19～图3-22）。

### 五、蛋白质表达分析工具：ExpressWeb

　　笔者在RedOxiBase中开发了蛋白质表达分析工具：ExpressWeb，这是一种在线工具，可使用个人或选定的表达值数据集进行基因聚类，以构建共表达基因网络，并提供有用的可视化工具，如热图、图表和网络图等（图3-23）。ExpressWeb可直接从RedOxiBase中获得，当前的优先事项是建立一个流程来自动加载公开可用的表达数据，以便更方便地对我们感兴趣的基因进行表达聚类。

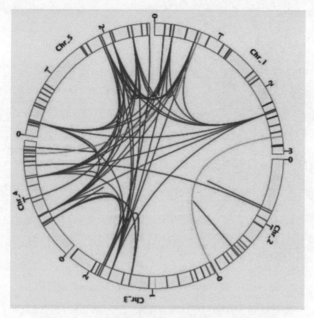

**图 3-19 一个物种内的正交群类似 Circos 的可视化**

属于同一正交群的序列是相互连接的。每个类都用同一颜色表示

（扫封底或勒口处二维码看彩图）

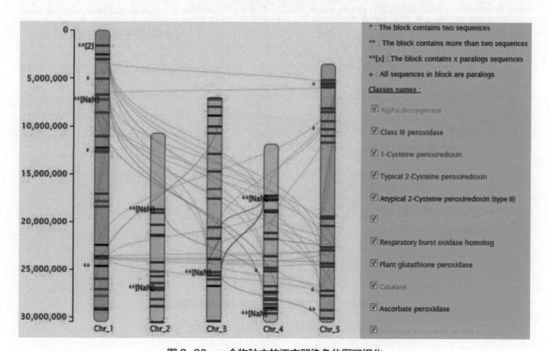

**图 3-20 一个物种内的正交群染色体图可视化**

属于同一正交群的序列是相互连接的。每个类都用同一颜色表示

（扫封底或勒口处二维码看彩图）

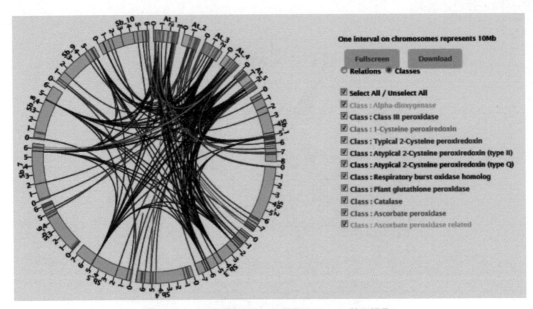

图 3-21 两个物种间的正交群类似 Circos 的可视化

属于同一正交群的序列是相互连接的。每个类都用同一颜色表示

（扫封底或勒口处二维码看彩图）

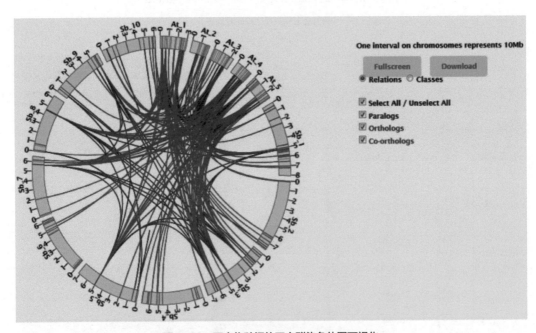

图 3-22 两个物种间的正交群染色体图可视化

属于同一正交群的序列是相互连接的。每个类都用同一颜色表示

（扫封底或勒口处二维码看彩图）

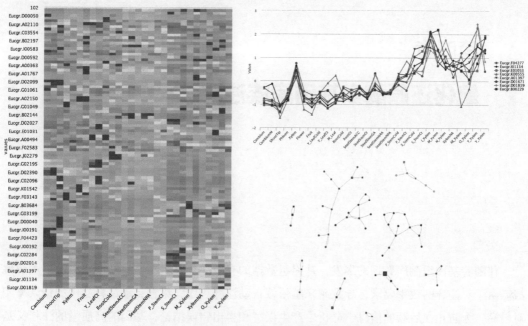

图 3-23　ExpressWeb 中蛋白质表达分析的可视化

（扫封底或勒口处二维码看彩图）

# 第四章
# 氧化还原酶多基因家族注释

伴随着基因组测序数据的爆发，基因组数据的有效注释是生物信息学面临的一个主要挑战。由于对注释的效率要求，导致越来越依赖自动注释程序，尽管自动注释程序的错误率相对较高。为防止在后续的信息学分析中产生误解和得出错误结论，基因的高质量的注释又是必需的，且多基因家族的自动基因组注释更具有挑战性。本章将分析多基因家族自动基因组注释中存在的问题，并提出解决这些问题的方法。基于以上理论，我们针对氧化还原酶数据库建立了氧化还原酶多基因家族半自动注释的专属流程。

## 第一节　基因家族自动注释：问题和解决方案

### 一、核酸测序和组装

对于生物信息学和进化分析，大规模测序数据是基础。目前，由于测序的通量更高、成本更低、时间更短，大规模测序越来越普通化，越来越多的基因组、转录组和 ESTs 已经被测序，使得组学数据激增。随着测序技术在全世界的研究和临床实验室中的普及，核酸测序数据的使用呈指数级增长。

当然，这些原始的数据并不能被直接利用，首先它们需要组装。组装是使用的前提，DNA 测序技术不能一次性读取整个基因组，而是读取 20 ～ 30000 个碱基之间的小片段，具体长度取决于所使用的技术。在生物信息学中，序列组装被定义为比对和合并 DNA 序列的短片段以重建原始序列的过程。换句话说，组装即是采用大量短 DNA 序列来拼接长 DNA 序列的过程。有两种组装方法，即基于参考基因组的 Mapping 方案和没有参考基因组的从头组装（de novo assembly）方法。Mapping 方案旨在针对现有参考序列的新基因组组装，构建与骨架序列相似但不一定相同的序列；而从头组装是指在没有参考基因组的情况下组装短序列以创建全长序列的方法（图 4-1）。

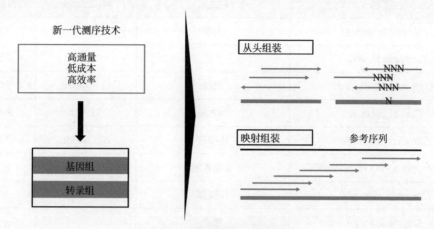

图 4-1 高通量测序与数据组装

大量的数据源以及组装这些原始数据的方法，为我们的进化研究提供了可能。现代生命科学研究中，大规模测序和组装已成为相对容易的部分。这些已被完成的基因组测序和基因组组装可以在众多的基因组数据库中找到，为后续的进化分析和基因功能研究奠定了数据基础。大多数据都可以在公共数据库上访问，例如 Phytozome、Kazusa 和 NCBI 等。本研究中的植物基因组数据主要来源于这些数据库（表 4-1）。

表 4-1 已测序的植物基因组（部分）

| 拉丁名 | 中文名 | 基因组大小 | 基因数量 |
|---|---|---|---|
| *Aegilops tauschii* | 粗山羊草 | 4.36Gb | |
| *Amborella trichopoda* | 无油樟 | | |
| *Arabidopsis lyrata* | 琴叶拟南芥 | | |
| *Arabidopsis thaliana* | 拟南芥 | 135Mb | |
| *Asparagus setaceus* | 文竹 | 710.15Mb | 28410 |
| *Azadirachta indica* | 印度苦楝树 | 364Mb | 约20000 |
| *Beta vulgaris* | 甜菜 | 714 ~ 758Mb | 27421 |
| *Betula nana* | 圆叶桦 | 450Mb | |
| *Brachypodium distachyon* | 二穗短柄草 | | |
| *Brassica rapa* | 芜菁 | | |
| *Cajanus cajan* | 木豆 | | |
| *Camellia sinensis* | 茶树 | 2.94Gb | |

续表

| 拉丁名 | 中文名 | 基因组大小 | 基因数量 |
|---|---|---|---|
| *Cannabis sativa* | 大麻 | 820Mb | 30074 |
| *Capsella rubella* | 荠菜 | 130Mb | 26521 |
| *Capsicum annuum* | 甜椒 | 约3.48Gb | 34476 |
| *Carica papaya* | 番木瓜 | 372Mb | 28629 |
| *Cerasus serrulata* | 山樱花 | 265.40Mb | 29094 |
| *Chlamydomonas reinhardtii* | 莱茵衣藻 | 111Mb | 17737 |
| *Chlorella variabilis* | 小球藻 | | |
| *Cicer arietinum* | 藜豆 | | |
| *Citrullus lanatus* | 西瓜 | 425Mb | 23440 |
| *Citrus clementina* | 克莱门柚 | | |
| *Citrus grandis* | 葡萄柚 | | |
| *Citrus sinensis* | 甜橙 | | |
| *Cladopus chinensis* | 中国川草 | 827.92Mb | 27370 |
| *Cucumis melo* | 姜黄 | 450Mb | 27427 |
| *Cucumis sativus* | 小黄瓜 | 350Mb | 26682 |
| *Cyanophora paradoxa* | 蓝色奇异矽藻 | | |
| *Elaeis guineensis* | 油棕 | 约1800Mb | 34800 |
| *Eucalyptus grandis* | 巨桉 | | |
| *Fragaria vesca* | 林地草莓 | 240Mb | 34809 |
| *Glycine max* | 大豆 | 1115Mb | 46430 |
| *Gossypium raimondii* | 雷蒙德棉 | | |
| *Hevea brasiliensis* | 橡胶树 | | |
| *Hordeum vulgare* | 大麦 | | |
| *Isatis indigotica* | 板蓝根 | 293.88Mb | 30323 |
| *Jatropha curcas* | 麻疯树 | | |
| *Lotus japonicus* | 百脉根 | | |
| *Malus domestica* | 苹果 | 约742.3Mb | 57386 |
| *Manihot esculenta* | 木薯 | 约760Mb | 30666 |

续表

| 拉丁名 | 中文名 | 基因组大小 | 基因数量 |
|---|---|---|---|
| *Medicago truncatula* | 蒺藜苜蓿 | | |
| *Mimulus guttatus* | 猴面花 | 430Mb | 26718 |
| *Morinda officinalis* | 巴戟天 | 484.85Mb | 27698 |
| *Musa acuminata* | 香蕉 | 523Mb | 36542 |
| *Musa balbisiana* | 野蕉 | 438Mb | 36638 |
| *Nelumbo nucifera* | 莲 | | |
| *Nicotiana benthamiana* | 本生烟 | 3Gb | |
| *Nicotiana sylvestris* | 蒶草 | 2.636Gb | |
| *Nicotiana tomentosiformis* | 茸毛烟草 | 2.682Gb | |
| *Oryza brachyantha* | 短花稻 | | |
| *Oryza sativa* | 水稻 | | |
| *Ostreococcus lucimarinus* | 鞭毛藻 | 13.2Mb | 7796 |
| *Phoenix dactylifera* | 海枣 | 658Mb | 28800 |
| *Phyllostachys edulis* | 毛竹 | | |
| *Physcomitrella patens* | 小立碗藓 | | |
| *Populus trichocarpa* | 毛果杨 | 510Mb | 73013 |
| *Prunus mume* | 梅花 | | |
| *Prunus persica* | 桃 | 265Mb | 27852 |
| *Pyrus bretschneideri* | 白梨 | | |
| *Ricinus communis* | 蓖麻 | 320Mb | 31237 |
| *Salix suchowensis* | 簸箕柳 | 356Mb | |
| *Setaria italica* | 粟 | | |
| *Sisymbrium irio* | 水蒜芥 | | |
| *Solanum lycopersicum* | 番茄 | 900Mb | 34727 |
| *Solanum tuberosum* | 马铃薯 | 844Mb | 39031 |
| *Sorghum bicolor* | 高粱 | 730Mb | 34496 |
| *Spirodela polyrhiza* | 紫萍 | 158 Mb | 19623 |
| *Thellungiella parvula* | 盐芥 | | |

续表

| 拉丁名 | 中文名 | 基因组大小 | 基因数量 |
|---|---|---|---|
| *Theobroma cacao* | 可可树 | | |
| *Triticum aestivum* | 小麦 | | |
| *Triticum urartu* | 乌拉尔图小麦 | 4.94Gb | |
| *Vitis vinifera* | 葡萄 | | |
| *Volvox carteri* | 团藻 | 131.2 Mb | 14971 |
| *Zea mays* | 玉米 | 2300Mb | 39656 |

## 二、基因注释的热潮

基因注释是识别基因位置和基因组中所有编码区并确定这些基因的功能的过程。注释是通过解释或评论的方式来增加对基因功能的了解。换句话说，它是将生物信息附加到序列上的过程。基因注释就像核苷酸"A、T、C、G"与生物学功能之间搭建的桥梁。基因组序列价值高低需要通过注释来呈现。因此，对基因组进行测序后，就需要对其进行注释以呈现出具体的生物学意义。然而潮水般涌现的数据也给后期注释工作带来了巨大的压力。

## 三、基因组注释的方法与步骤

数据的爆炸式增长导致对自动注释过程的依赖增加。自动注释是利用生物信息学方法，对基因组所有基因的生物学功能进行高通量注释。但这些自动注释过程会受到一些偏好性的影响，尤其在注释多基因家族的情况下，这种偏好性会加剧。在真核生物中该问题更加突出，其中超过30%的基因是多基因家族的成员。多基因家族对基因和基因组进化过程及其在适应或新物种出现有重要的研究意义，所以多基因家族是研究的热点。基因家族的准确注释、没有遗漏或错误预测的序列，对于避免后续研究得到错误结论至关重要。我们在这里描述了当前的自动注释方法，并提出了如何克服它们在处理基因家族方面的固有局限性的方法。

基因预测程序主要分为两类：从头预测（ab initio prediction）和同源预测（homology-based prediction）。在实际中，大多数基因预测软件结合了从头预测和同源预测，以最大限度地提高提取信息的数量和准确性。

（1）从头预测　使用统计模型来捕捉内在含量传感器和信号传感器，以区分编码/非编码区域。尽管预测程序在80%的情况下可以将编码区与非编码区区分开来，但它们只能正确预测40%～50%的编码转录本。这些方法的准确性在很大程度上取决于用于构建模型的训练数据的质量，理想情况下，模型应该是物种特异性的，并能反映所研究的基因组的特征。

（2）同源预测　该方法是将新基因组与一组表达序列（蛋白质、cDNA或EST）进行比对，具有足够相似性的区域被认为是外显子，并且通过信号传感器的集成来细化相似区域的边界。

基因组注释主要包括结构注释和功能注释两个步骤。

（1）结构注释 指基因及其基因组元素（外显子、内含子、非翻译区、启动子）的鉴定。在这里，我们将基因的定义限制为蛋白质编码基因，暂不讨论非编码 RNA 基因和小的开放阅读框。

（2）功能注释 指依赖于同源性方法将生物学功能分配给基因的结构元素。

## 四、基因组注释偏差

尽管可用的自动注释程序的数量和效率有所提高，但各种复杂的情况仍然具有挑战性且容易出错。我们对这些注释偏差进行了归纳，主要包括以下几个方面。

### 1. 长内含子打断

异常长的内含子以及异常长的基因通常会导致预测软件将单个基因拼接成多个基因。

### 2. 短外显子遗漏

预测程序经常遗漏短外显子，尤其是三个碱基的倍数，虽然不会引起移码，但是氨基酸序列的部分缺失仍可能导致功能的改变。

### 3. 相邻基因错配

具有短基因间区域的相邻基因通常被预测为单个基因。这对于多基因家族来说是一个重要问题，因为它们会发生串联重复，这会增加从头基因预测产生此类基因融合事件的风险。

### 4. 测序错误引起移码

DNA 测序错误，尤其是碱基缺失或插入，可能会在编码区引入移码，影响预测。

### 5. 罕见基因的注释错误

罕见和 / 或低估的生物事件会导致错误的注释，例如存在非规范剪接位点和重叠基因、内含子序列被错误地注释为基因等。

### 6. 多基因家族注释不全

多基因家族由于基因复制或丢失，生物体之间的基因拷贝数可能存在很大差异。这使同源方法的注释变得更为困难，因为新基因组中家族成员的数量不是确定的，甚至在亲缘关系紧密的物种之间也可能不同。因此，很难断定是否已经确定注释到了所有家庭成员。

## 五、改进基因组自动注释偏差的方法

许多基因组测序的完成给理解生命进化进程提供了可能性，但这些数据是否能充分利用取决于数据是否得到准确、全面的注释。传统的软件自动注释方法似乎在准确性方面已经趋于稳定。如果使用这些由注释程序自动生成的、含有很多注释错误的数据用于进一步的数据分析，则会对分析结果和结论带来较大的影响。正确的注释可以大大提高后续数据分析的准确性，包括系统发育树构建、蛋白质 - 蛋白质相互作用预测、蛋白质结构预测和物种分类等。因此，必须使用严格的控制程序来防止注释出现偏差。鉴于前面列举的自动注释中容易出现的偏差，我们构建了一系列可以改进多基因家族注释的方法。

### 1. 面向基因家族的结构注释

使用 Blast 等程序进行同源性搜索是识别新基因组中基因的有效方法。然而，一些基因与已知基因没有显著的相似性。为了识别这些基因，尤其是在进化上与参考基因组关系较远的基因，只能使用从头预测基因预测方法。这种方法可以捕捉每个基因家族的特定属性并实现预测的准确性。此外，因为多基因家族成员拥有共同的祖先，许多基因共享一个共同的外显子 / 内含子结构。因此，可以使用 GECA 等软件进行基因结构分析来验证和纠正基因结构预测。即使这些基因的基因结构不保守，通过多序列比对将预测的蛋白质与其家族成员进行系统比较，也可以识别预测不足和过度预测的外显子（或部分外显子）、插入的内含子以及异常短或长的 N 端或 C 端区域。

### 2. 功能家族分类

目前有四种方法可以将蛋白质与其同源家族相关联，即基于结构域、序列聚类、3D 结构和系统发育树的方法。

（1）基于结构域的方法　该方法是将蛋白质结构域视为进化的结构和 / 或功能单元。根据结构域的比对结果构建隐马尔可夫模型（hidden markov model，HMM）的配置文件，使用之检测该家族的新成员。这些方法具有高度特异性和高灵敏度。

（2）基于序列聚类方法　该方法是基于蛋白质之间序列相似度构建的聚类图。尽管聚类方法擅长识别密切相关的同源序列，但检测蛋白质之间的远程同源关系（可能发生结构域重排）较为困难。为了改进这些关系的检测，需要对特定家族的参数进行调整。

（3）基于 3D 结构方法　一些蛋白质家族在序列水平上不是很保守，而仅在三级结构水平上保守。因此，3D 结构比对可以提供有关蛋白质功能的重要见解，并有助于将它们分类为蛋白质家族。这些也可以与基于结构域的策略相结合，如 HMMerThread 方法。

（4）基于系统发育树的方法　该方法使用系统发育树来预测基因家族。尽管对所有蛋白质构建系统发育树的计算成本相对较高，但已经成功扩展了几种基于进化树的方法以处理多基因组数据集。

由于这些方法中的每一种都有其优点和缺点，因此，最好的策略通常是将它们结合起来的混合方法，比如集成了基于域和序列聚类等的方法。

### 3. 利用现有的基因家族专用方法

为了克服多基因家族中基因预测错误的问题，许多数据库专门研究某个基因家族并提供精选序列。如在氧化还原酶数据库 RedOxiBase 中，建立了它们自己的注释流程。另一种方法是将某基因家族注释任务委托给这个基因家族研究的专家。

### 4. 构建专属注释流程

理想的注释流程应包括以下步骤：①通过结合从头和同源方法进行注释；②通过控制过程验证和校正预测的蛋白质；③更新现有的训练数据以生成新模型和配置文件，以便注释其他基因组（图 4-2）。这个注释流程的所有步骤中的一个中心点是参考序列，无论是训练程序、选择数据库进行相似性搜索，还是最后的验证步骤，参考基因组的选择都是至关重要的。还应该特别指出的是，RNAseq 可以通过整合剪接位点和基因边界的信息来提高基因的预测。

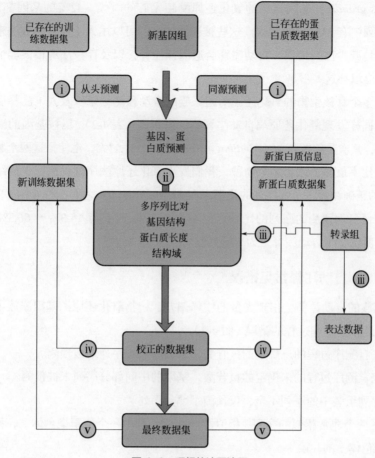

图 4-2　理想的注释流程

（ⅰ）使用从头方法扫描新基因组，在现有训练集（特定家族）上进行训练，以及针对配置文件和蛋白质集的同源性搜索；
（ⅱ）预测的蛋白质编码基因应通过多个相互关联的过程进行管理，包括验证旁系同源物和直系同源物之间多重比对的质量、基因结构验证以及检查蛋白质长度和结构域的存在；（ⅲ）来自相应生物体或亲缘关系紧密的物种的"EST"和"RNAseq"数据可在组装过程后用于确认这些预测，并产生表达数据；（ⅳ）该精选数据集以迭代方式用于重新注释和生成精选基因/蛋白质数据集；（ⅴ）最终集将用于更新现有的训练数据和蛋白质配置文件/集

# 第二节　氧化还原酶家族专属注释流程

## 一、氧化还原酶自动注释错误率高

因为自动注释是基于计算机的运算过程，它会以一个非常快速和自动的方式输出结果，自动注释一个基因家族仅仅需要几小时。相对的人工注释需要几个星期的时间。而虽然有着更高的效率，但自动注释过程中有很多遗漏的基因和很多的注释错误。例如：在自动注释巨

桉（*Eucalyptus grandis*）基因组中的氧化还原酶超家族的时候，42%的基因都没有被注释，在已注释的序列中有31%包含错误。这些被遗漏的注释可以用人工注释的方法来检测，人工注释可以尽量地减少注释错误。自动注释会遗漏掉注释，以及存在注释错误等情况，与此相反，人工注释会填补这些不足。

我们又对多个真核生物的氧化还原酶超家族的自动预测结果以及人工注释后的结果进行了统计分析，同样发现氧化还原酶自动注释错误率很高（表4-2），巨桉基因的缺失注释率非常高（48.6%），其次是蒺藜苜蓿（*Medicago truncatula*，31.1%），也使得这两个物种中氧化还原酶的再注释比率最高；综合多个物种，我们发现氧化还原酶序列预测产生的结果的敏感性（自动注释中的正确注释占全部序列的比率）在33.7%～84.9%之间、特异性（自动注释中的正确注释占全部自动预测的序列的比率）在41.8%～90.5%；有15.0%～66.3%的序列需要被重新注释。所以，半自动注释更为准确高效。

## 二、氧化还原酶自动注释常见错误

多基因家族的自动注释会出现大量的注释偏差，植物氧化还原酶基因家族中有大量的来源于测序、组装以及注释过程的错误（图4-3）。

① 由于来自测序过程的未确定的核苷酸，基因的末端序列未被预测。

② 由于来自测序过程的未确定的核苷酸，基因的中间部分序列未被预测。

③ 由于序列组装中的序列不全，仅预测了部分序列。

④ 预测了两个非常相似的序列（相似性>99%），其中一个位于染色体上，而另一个位于尚未组装到染色体上的片段上。

⑤ 由于核苷酸的插入或缺失，预测的基因中被引入了移码。

⑥ 由于突变或剪切信号的缺失，部分内含子被预测为外显子。

⑦ 由于终止密码子的突变或缺失，在蛋白质序列中预测了额外的C末端。

⑧ 由于假基因或测序错误，在编码框架内检测到一些终止密码子。

⑨ 在注释过程中发生开放阅读框（open reading frame，ORF）融合，如基因A的第一个外显子融合在一起以重组"新"蛋白。这种情况总是发生在相邻的基因中。

⑩ 由于"ATG"在起始密码子之前且离起始点不远，总是出现额外的错误预测的N端。

⑪ 由于自动注释中使用了不相关或亲缘关系较远的参考序列，某些基因未被检测和注释。

⑫ 在组装过程中，部分基因组装在不正确的位置，导致不正确的内含子。在自动预测中，这个基因有时会被注释为两个不同的基因。

为了解决上述第①、②、③、⑤、⑧种情况的问题，我们采用氧化还原酶数据库来手动完成或者更正注释，有时也需要通过实验检测和测序来解决问题；对于情况⑪，使用亲缘关系紧密的参考序列可以有效地找到非预测基因；对于情况④、⑥、⑦、⑨、⑩和⑫，建议借助序列比对工具进行手动注释。

表 4-2 自动注释与半自动注释统计结果分析

| 物种 | 正确自动注释 | 错误自动注释 | 自动注释总数 | 未注释 | 总注释数 | 未注释/总注释数 | 错误自动注释/总注释数 | 手动注释率 | 敏感性=正确自动注释/总注释数 | 特异性=正确自动注释/自动注释总数 |
|---|---|---|---|---|---|---|---|---|---|---|
| 番木瓜 Carica papaya | 36 | 21 | 57 | 0 | 57 | 0 | 36.84% | 36.84% | 63.16% | 63.16% |
| 克莱门汀柚 Citrus Clementina | 49 | 31 | 80 | 1 | 81 | 1.23% | 38.27% | 39.51% | 60.49% | 61.25% |
| 甜橙 Citrus sinensis | 48 | 24 | 72 | 3 | 75 | 4.00% | 32.00% | 36.00% | 64.00% | 66.67% |
| 禾旋孢腔菌 Cochliobolus sativus | 53 | 14 | 67 | 1 | 68 | 1.47% | 20.59% | 22.06% | 77.94% | 79.10% |
| 赤桉 Eucalyptus camaldulensis | 69 | 96 | 165 | 5 | 170 | 2.94% | 56.47% | 59.41% | 40.59% | 41.82% |
| 巨桉 Eucalyptus grandis | 61 | 32 | 93 | 88 | 181 | 48.62% | 17.68% | 66.30% | 33.70% | 65.59% |
| 亚麻 Linum usitatissimum | 87 | 45 | 132 | 1 | 133 | 0.75% | 33.83% | 34.59% | 65.41% | 65.91% |
| 木薯 Manihot esculenta | 85 | 18 | 103 | 2 | 105 | 1.90% | 17.14% | 19.05% | 80.95% | 82.52% |
| 蒺藜苜蓿 Medicago truncatula | 61 | 12 | 73 | 33 | 106 | 31.13% | 11.32% | 42.45% | 57.55% | 83.56% |
| 樱桃 Prunus patens | 51 | 18 | 69 | 2 | 71 | 2.82% | 25.35% | 28.17% | 71.83% | 73.91% |
| 蓖麻 Ricinus communis | 45 | 31 | 76 | 3 | 79 | 3.80% | 39.24% | 43.04% | 56.96% | 59.21% |
| 栗 Setaria italica | 125 | 30 | 155 | 6 | 161 | 3.73% | 18.63% | 22.36% | 77.64% | 80.65% |
| 盐芥 Thellungiella halophila | 62 | 11 | 73 | 0 | 73 | 0 | 15.07% | 15.07% | 84.93% | 84.93% |
| 葡萄 Vitis vinifera | 67 | 7 | 74 | 23 | 97 | 23.71% | 7.22% | 30.93% | 69.07% | 90.54% |

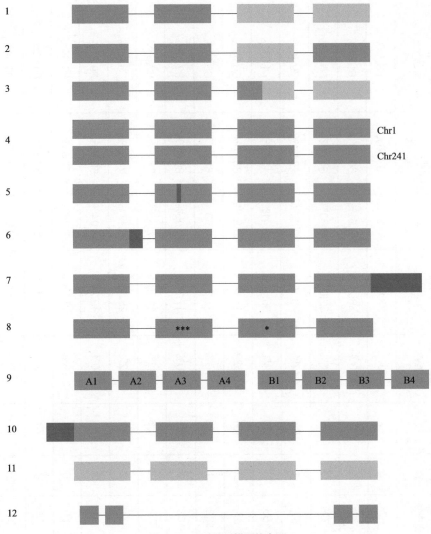

图 4-3 自动注释错误的来源

矩形代表外显子，外显子之间的线代表内含子；填充蓝色的模块代表预测的外显子，而灰色的模块代表自动注释过程中缺失的外显子；预测的额外外显子完全填充为红色；星号代表蛋白质中的终止密码子；本图中基因、外显子和内含子长度不成比例

## 三、氧化还原酶家族注释的专用流程

针对以上自动注释出现的问题，我们为氧化还原酶家族注释开发了专用流程。在氧化还原酶家族注释中，基因组和蛋白质组数据从 NCBI、Phytozome 等公共数据库中收集。首先，利用已知物种（如拟南芥）的氧化还原酶蛋白序列集进行比对，自动提取目标基因组的氧化还原酶数据，在获得的蛋白质中可能存在诸如移码、框内终止密码子等错误。这些错误将利用多重比对如 PerOxiBase-Blast 程序、蛋白质结构域分析程序（如 Pfam 和 MEME）进行人工校对。还可以使用 Scipio 程序对现有的蛋白质组作为输入来扫描初始基因组，以收集蛋白质和 DNA 序列。总的来说，整个流程可以分为自动注释和手动注释两种类型的注释，前者包

括步骤 1 和 2，后者包括步骤 3 ～ 5（图 4-4）。

在这个流程中经常使用的程序 Scipio 是一个重要且有用的注释程序。它是一种基于比对确定精确基因结构的工具。Scipio 以蛋白质序列为输入，以基因组为数据集。Scipio 将检测外显子 - 内含子边界、DNA、CDS 序列、基因在基因组上的位置以及未预测的同源基因（图 4-5）。

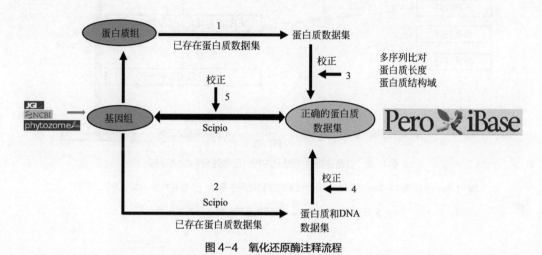

图 4-4　氧化还原酶注释流程

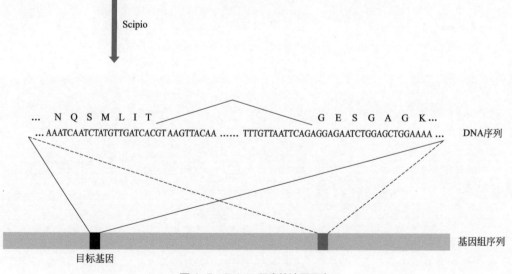

图 4-5　Scipio 程序的注释示意

为了测试我们建立的氧化还原酶注释的专用流程，我们对 *Eucalyptus grandis* 的氧化还原酶超家族进行了综合注释，分析了自动注释中的错误注释（incorrct annotation）、正确注释（correct annotation）和缺失注释（missed annotation）（图 4-6）。

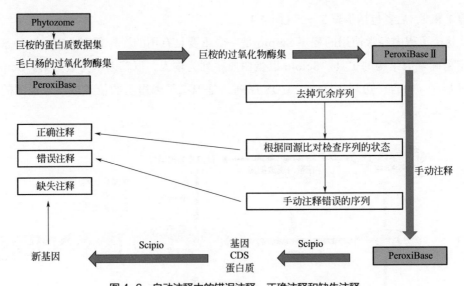

图 4-6 自动注释中的错误注释、正确注释和缺失注释

PeroxiBase II 是 PeroxiBase 的副本，用于在基因注释过程中存储一些临时数据和未经验证的条目。

它还包含与 PeroxiBase 相同的基因注释和分析工具

第三篇

# 氧化还原酶的起源与进化

# 第五章
## 氧化还原酶的起源

长期以来，研究者对植物氧化还原酶家族起源和进化的理解还停留在推测阶段。为建立植物氧化还原酶的起源模型，本章通过挖掘氧化还原酶的祖先序列并利用生物信息学和生物化学手段对植物氧化还原酶家族的起源和进化进行深入分析，建立了CⅠ、CⅡ和CⅢ类过氧化物酶的起源和进化模型。

## 第一节　非动物过氧化物酶的起源

### 一、非动物过氧化物酶

23亿年前元古代初期氧气水平的增加迫使祖先生物适应氧化应激（Becker, *et al.*, 2004）。在这个过程中产生的活性氧（ROS）是细胞所必需的，但在高水平时其又具有毒性，因此需要由ROS稳态调节蛋白进行精密的管理。过氧化物酶是该调控网络的重要组成部分，它通过使用过氧化氢（$H_2O_2$）作为电子受体以及不同的氧化底物作为电子供体的氧化还原反应来调节ROS的稳态。在这里，术语"过氧化物酶"包括两个主要蛋白质家族，它们的区别在于血红素的存在（血红素过氧化物酶）或不存在（非血红素过氧化物酶）。血红素过氧化物酶，包括非动物过氧化物酶（Non-animal peroxidase）超家族，代表了分类分布最多样化的群体（Passardi, *et al.*, 2007）。非动物过氧化物酶超家族包括三个过氧化物酶类别：Ⅰ类（CⅠ Prx）、Ⅱ类（CⅡ Prx）和Ⅲ类（CⅢ Prx）（图5-1）。

CⅠ类过氧化物酶广泛分布于原核生物和真核生物中，最初被描述为细胞内过氧化物酶（缺乏信号肽）。它们由非糖基化血红素组成，没有钙离子，也没有二硫键。此类是最普遍的过氧化物酶，可细分为四个亚类：过氧化氢过氧化物酶（catalase peroxidase, CP）、细胞色素C过氧化物酶（cytochrome C peroxidase, CcP）、抗坏血酸过氧化物酶（ascorbate peroxidase, APX）和抗坏血酸过氧化物酶-细胞色素C过氧化物酶（APX-CcP）。CP主要存在于细菌中，偶尔也存在于其他生物体中（Passardi，et al.，2007），所有 CP 的特征是存在两个独立的过氧化物酶结构域。CcP 存在于具有线粒体的生物体中，但在植物中不存在。CcP 在 $H_2O_2$ 存在下催化铁细胞色素 c 的氧化，以去除线粒体呼吸过程中产生的有毒 ROS（Kwon，et al.，2003）。APX 专属于光合生物，但蓝藻除外（Miyake，et al.，1991）。它们在 $H_2O_2$ 存在下催化抗坏血酸的氧化，用于光保护和调节光氧化应激（Maruta，et al.，2010）。最后一个 C I Prx 亚类对应于与 APX 和 CcP 具有共同特征的蛋白质，因此被命名为抗坏血酸过氧化物酶 - 细胞色素 C 过氧化物酶（APX-CcP）。此类的一个主要例子是在真核生物利什曼原虫（*Leishmana major*）中发现的，其 APX 和 CcP 的活性都已被检测到（Adak，et al.，2005）。

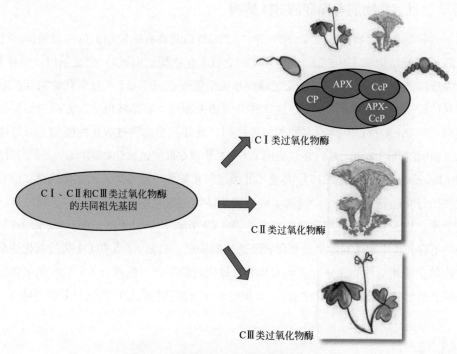

图 5-1 非动物过氧化物酶的组成和分类分布

C II 类过氧化物酶被描述为分泌型的真菌木质素过氧化物酶。它们属于大型多基因家族，可以氧化具有高氧化还原电位的分子，例如木质素。C II 类过氧化物酶包括木质素过氧化物酶（lignin peroxidase，LiP）、锰过氧化物酶（manganese peroxidas，MnP）和多功能过氧化物酶，迄今为止仅在能够降解木材的真菌中发现。最近，在子囊菌纲（Ascomycetae）和担子菌纲（Basidiomycetae）中确定了其他六个亚类，这些新类别主要存在于植物致病真菌和植物降解真菌中（Mathé，et al.，2019）。

C III 类过氧化物酶也称为植物分泌型过氧化物酶，已被描述为潜在的多功能蛋白质，可参与生长素代谢、细胞壁伸长、硬化和抵御病原体等。然而，任何给定的单一过氧化物酶在体内的精确作用仍然是不确定的，主要是因为过氧化物酶底物的范围很广，如木质素亚基、脂肪酸和一些氨基酸侧链等。C III 类过氧化物酶已在一些链藻（*Streptophyte algae*）和陆生植物中检测到，但在绿藻（*Chlorophyte algae*）中不存在（Mathé, *et al.*, 2010）。陆生植物中该家族因为全基因组片段的复制而经历了大量扩增，例如，拟南芥或水稻等被子植物含有由基因复制产生的高拷贝数（分别为 73 个和 138 个）（Passardi, *et al.*, 2004）。

与 C I 类过氧化物酶不同，C II 类过氧化物酶和 C III 类过氧化物酶具有复杂的结构，包括几个糖基化、4～5 个二硫键、两个钙结合位点和一个信号肽。编码这两类的基因在保守区域包含几个内含子，并经历了许多最近的基因复制事件。新的旁系同源物的序列可能会在调控区域发生分歧，改变表达模式，或者在导致亚功能化或新功能化的编码区域。如果复制的序列没有产生额外的功能，则由于松散的选择压力而导致的突变积累将迅速导致假基因化（pseudogenization）。

## 二、非动物过氧化物酶有保守的 3D 结构

属于 C I 类过氧化物酶的三个亚类 CP、APX 和 CcP 具有非常相似的三级结构，包括保守数量的 α- 螺旋结构域（图 5-2）。包含两个独立过氧化物酶结构域的 CP 显示出许多 α- 螺旋。此外，靠近端部的残基如精氨酸以及远端残基如组氨酸在三个 C I 类过氧化物酶亚类之间的相同相对位置上是保守的（图 5-3）。这些在共同的关键残基和结构保守性方面的结构相似性强烈表明 CP、APX 和 CcP 源自共同的祖先序列。此外，非动物过氧化物酶的三级结构的比较揭示了相同的共同结构元素，强烈表明 C I、C II 和 C III 类过氧化物酶可能起源于相同的祖先序列（Lazzarotto, *et al.*, 2015）。尽管 C II 类过氧化物酶不是本研究的主要焦点，但有必要解决此类的进化问题，以便更全面地了解所有非动物过氧化物酶的进化。C II 类过氧化物酶的高重复率，以及它们在早期分化的真菌壶菌（*Chytrids*）和担子菌（*Basidiomycetes*）的某些物种中不存在，阻碍了对此类过氧化物酶进化的确定。然而，C II 和 C I 类过氧化物酶之间三级结构的功能相似性和保守性表明 C II 类过氧化物酶序列可能源自 C I 类过氧化物酶。因此，在担子菌纲和子囊菌纲分化之后，C II 类过氧化物酶的祖先很可能已经复制并独立出现，

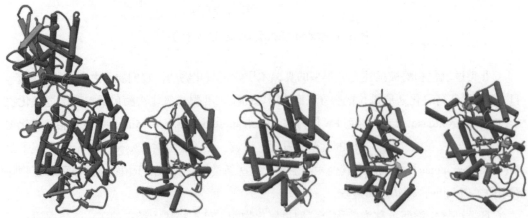

(a) 过氧化氢过氧化物酶　(b) 抗坏血酸过氧化物酶　(c) 细胞色素c过氧化物酶　(d) C III 类过氧化物酶　(e) 木质素过氧化物酶
　　5L05　　　　　　　　　1APX　　　　　　　　　2CYP　　　　　　　　1HCH　　　　　　　　Li3Q3U

图 5-2　非动物过氧化物酶类的 3D 结构

（扫封底或勒口处二维码看彩图）

从而产生了 C Ⅱ 类过氧化物酶这个不同亚类（Mathé，*et al.*，2019）。

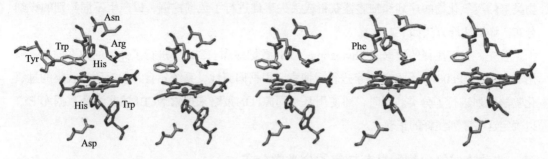

(a) 过氧化氢过氧化物酶　(b) 抗坏血酸过氧化物酶　(c) 细胞色素c过氧化物酶　(d) C Ⅲ 类过氧化物酶　(e) 木质素过氧化物酶

5L05　　　　　　　　1APX　　　　　　　　2CYP　　　　　　　　1HCH　　　　　　　Li3Q3U

图 5-3　非动物过氧化物酶类的血红素结合和电子转移所需的关键残基

Asn：天冬酰胺；Trp：色氨酸；His：组氨酸；Asp：天冬氨酸；Arg：精氨酸；Phe：苯丙氨酸

（扫封底或勒口处二维码看彩图）

### 三、C Ⅲ Prx 起源的基因结构证据

我们利用 RedOxiBase 中的 GECA 程序比较了 APX 和 CcP 的基因结构，发现 APX 和 CcP 之间有两个保守的内含子（图 5-4）。这些保守的内含子将支持这一假说：APX 和 CcP 源自同一祖先。然后检查 CcP 和 C Ⅲ Prx 的结构，也发现了 1 个保守的内含子，这也可以作为 C Ⅲ Prx 起源于 CcP 的有力证据。

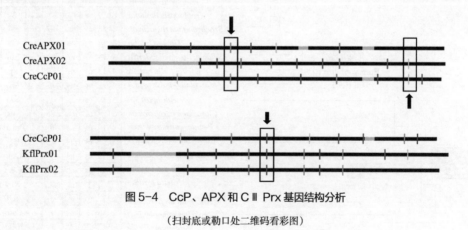

图 5-4　CcP、APX 和 C Ⅲ Prx 基因结构分析

（扫封底或勒口处二维码看彩图）

## 第二节　非动物过氧化物酶的基因剂量进化

### 一、数据来源和过氧化物酶注释

非动物过氧化物酶的分类学分布已使用当时可用的基因组和转录组数据进行了初步描述（Passardi，*et al.*，2007）。最近的测序工作使我们能够进行全面的数据挖掘和专业的序列注

释，以定义不同生物界中的非动物过氧化物酶的起源和进化基础。为此，我们对不同真核生物类群的过氧化物酶序列和细胞器获得或丢失事件进行了数据挖掘，以产生不同类别的详细分布。详细注释方法如下。

首先，在带注释的数据库 Phytozome、JGI 数据库和 NCBI 中进行了详尽的数据挖掘，使用 Pfam ID（PF00141）和关键字进行了搜索。根据同源性、系统发育特征对所有收集的过氧化物酶序列进行了分类。同时，还使用基于同源性的策略来搜索 NCBI 的非注释数据库 EST 以确定这些序列注释的正确性。

## 二、非动物过氧化物酶具有特定的分类学分布

由于对序列进行了详尽的收集和分析，我们获得了非动物过氧化物酶的分类学分布（图 5-5）。结果强烈支持 APX 序列仅在含有叶绿体的真核生物中被检测到。本研究分析的所有含有叶绿体的生物都至少拥有 1 ～ 10 个 APX 序列（表 5-1）。链霉菌中发生了几次基因复制，但链霉菌藻类和陆生植物之间的拷贝数没有产生显著差异。一个更不同的序列，APX 相关（APX-R）蛋白，仅在绿色植物（绿藻和条形植物）中检测到，在其他含有叶绿体的生物体中均未检测到。只有两种硅藻（三角褐指藻和假微型海链藻）和一种水生真菌（层出节水霉）具有单一的 APX-R 编码序列，这可能源自绿色谱系生物的水平基因转移（horizontal gene transfer，HGT）（表 5-1）。

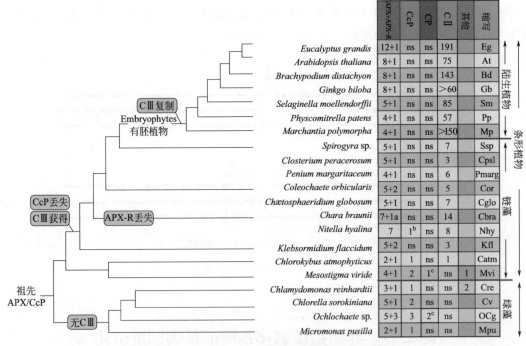

图 5-5 CⅠ和 CⅢ Prx 基因数量在绿色植物中的演变

分析了 21 个物种中编码 CⅠ类过氧化物酶（CP、APX 和 CcP）和 CⅢ类过氧化物酶的基因数量。所有检测到并包含在表中的序列均可从 RedOxiBase 获得。"其他"：不被视为属于 CⅠ或 CⅢ类过氧化物酶但包含 PF00141 的关键残基特征的其他非动物过氧化物酶；ns：未找到序列。a，仅发现了非常短的 APX-R 的编码序列。由于假定的样品污染（b，绿藻和真菌）和横向基因转移（c）造成的 CcP 和 CP 序列的意外检测

（扫封底或勒口处二维码看彩图）

**表 5-1 非动物血红素过氧化物酶在原核生物和真核生物中的分布**

（扫封底或勒口处二维码看彩色表格）

| 项目 | 原核生物（Prokaryotes） | 古虫界（Excavata） | | 有孔虫界（Rhizaria） | | 囊泡虫总门（Alveolata） | | 菌界（Stramenopiles） | | 定鞭藻纲（Haptophyceae） |
| --- | --- | --- | --- | --- | --- | --- | --- | --- | --- | --- |
| 丢失与增加 | | ML | CG | ML | CG | CG* | ML | ML | CG | CG |
| 物种数量 | 506 | 6 | 6 | 4 | 10 | 16 | 11 | 16 | 39 | 6 |
| APX | | | √17 | | √20 | √75 | | | √31 | √17 |
| APX-R | | | | | | | | | √5 | |
| CcP | | √63 | √17 | | √20 | √50 | | √87, 5 | √97 | √>100 |
| APX-CcP | | √88 | √33 | | √10 | √25 | | | √10 | √67 |
| CP | √70 | | √17 | √7 | √10 | √50 | | √81, 3 | √25, 6 | √33, 3 |
| C II Prx | | | | | | | | √5 | | |
| C III Prx | | | | | | | | | | |
| 其他过氧化物酶 | | | | | | | √5 | | | |

| 项目 | 隐藻门（Cryptomonads） | 灰色藻门（Glaucophyta） | 红藻纲（Rhodophyceae） | 绿藻纲（Chlorophyceae） | 链形植物（Streptophyta） | 真菌（Fungi） | | 动物（Animals） | | 变形虫界（Amoebozoa） | 序列总数 |
| --- | --- | --- | --- | --- | --- | --- | --- | --- | --- | --- | --- |
| 丢失与增加 | CG | CG | ML | CG | | ML | CG | CG* | CG* | | |
| 物种数量 | 6 | 5 | 42 | 125 | 1238 | 8 | 331 | 155 | 11 | 10 | |
| APX | √66, 7 | √40 | √78, 6 | √15, 2 | √6, 8 | | | √36, 4 | | | 755 |
| APX-R | | | | √6, 4 | √6, 2 | | | | | | 88 |
| CcP | √>100 | √80 | √33, 3 | √22, 4 | √0, 3 | | √>100 | | | | 539 |
| APX-CcP | | | | | | | √62 | √27, 3 | | | 226 |
| CP | | | √5 | √3, 2 | | | √38, 4 | √9, 1 | √6, 5 | | 535 |
| C II Prx | | | | | √>100 | | √>100 | | | | 622 |
| C III Prx | | | | | | | | √10, 3 | √9, 1 | | 5878 |
| 其他过氧化物酶 | √16, 7 | | | √2, 4 | | | | | | | 23 |

注：蓝色框框共同代表 I 类过氧化物酶（C I Prxs：APX、APX-R、CcP、APX-CcP 和 CP）。黄色为 II 类过氧化物酶（C II Prxs）。绿色为 III 类过氧化物酶（C III Prxs）。√ 上标数字表示在每组中发现的序列的百分比，并使用用过氧化物酶中的参考序列计算。√ 表示反有叶绿体细胞器。* 表示反有叶绿体细胞器。

此外，CcP存在于所有真核生物中，但在链霉菌（*Streptophytes*）和经历过线粒体丢失事件的生物中不存在，例如专性细胞内寄生真菌微孢子虫（*Microsporidia*）或已形成寄生生活方式的生物［顶复动物亚门（*Apicomplexa*）动物寄生虫］（表5-1）。有趣的是，所有获得叶绿体的生物都保留了它们的线粒体。另一方面，线粒体的丧失与叶绿体的增加无关。大多数检测到的CP序列属于原核生物（细菌），部分分布在几个真核生物基因组中（Passardi，*et al.*，2007）（表5-1）。我们发现所有CI类过氧化物酶分布在真核生物中，证实了CI Prx亚类不同成员具有共同祖先序列的假设。

接下来，通过使用更大的数据集，我们验证了APX对含有叶绿体的生物具有特异性，并且CcP对含有线粒体的生物具有特异性的假设。在古虫界（*Excavata*）中，两个门完美地说明了这些获得或失去的事件。一方面，属于双滴虫目的贾第鞭毛虫（*Giardia intestinalis*）、螺旋虫（*Spironucleus barkhanus*）已经失去了它们的线粒体并且缺乏CcP序列。另一方面，眼虫目（Euglenida）的眼虫（*Euglena mutabilis*）和小眼虫（*E. gracilis*）部分获得了叶绿体并包含APX和CcP序列。

在不含叶绿体的生物体中发现APX序列存在，可能是由于HGT（表5-1）。这种现象最常见于生活在水中的生物（靠近含有APX的藻类）和共生生物。属于动物的水螅（*Hydra viridis*）也包含一个非动物的过氧化物酶，它具有APX的特征和CIII类过氧化物酶的特征。基于与绿藻中发现的APX序列的同源性，可以假设来自小球藻属的绿藻的HGT，并且随后发生了一些进化趋同或分歧，导致与CIII Prx的同源性。

此外，我们观察到几种含有线粒体的寄生生物缺乏CcP。其中包括顶复动物亚门，含有线粒体和称为顶质体的细胞器（通过红藻二次内共生获得的叶绿体遗迹）（Lim，*et al.*，2010）。NCBI提供了十多个顶复动物亚门基因组，但在这些生物中都没有检测到CI类过氧化物酶。在含有叶绿体的顶复动物亚门中，发现了类似APX的蛋白质，但没有发现CcP。

CII和CIII类过氧化物酶的分类学分布仅限于一个界（分别为真菌和植物界）。然而，我们发现有必要在对非动物过氧化物酶进化的分析中包括CII和CIII类过氧化物酶，以便构建一个更加综合的进化场景。简而言之，这组CII类过氧化物酶序列仅在与活植物或死植物相互作用的子囊菌（*Ascomycetes*）和担子菌（*Basidiomycetes*）中被检测到。作为含有线粒体的生物，子囊菌和担子菌在大多数情况下含有两个拷贝的CcP，这可能是由于基因复制。我们观察到大多数含有CII类过氧化物酶的真菌缺乏第二个CcP副本，这表明CII类过氧化物酶可能起源于一个CcP副本。微孢子虫（*Microsporidia*）和*Pyromyces*在进化过程中都失去了线粒体，并且不包含CcP序列（已确认在10多个可用基因组中缺失）。

与CII类过氧化物酶的进化相似，CIII类过氧化物酶序列仅在链霉菌（*Streptophytes*）中发现，而在叶绿科（*Chlorophyceae*）中缺失。CIII类过氧化物酶属于多基因家族，其大小沿着绿色植物进化谱系大大增加［从单细胞轮藻（*Mesostigma viride*）中没有，而*Chlorokybus atmophyticus*中有1个到巨桉（*E. grandis*）中有191个］（图5-5）。与陆生植物相比，在链霉菌藻类中发现的CIII类过氧化物酶的拷贝数较低。由于大量和最近的串联复制（tandem duplication，TD）、片段复制（segmental duplication，SD）和全基因组复制（whole genome duplication，WGD），维管植物（vascular plants）比苔藓植物（Bryophytes）含有更多的CⅢ类过氧化物酶拷贝（Li, *et al.*, 2015）；这使得CⅢ类过氧化物酶家族的大小变化很大，包括大量的假基因（也发现了CⅡ类过氧化物酶）。由于链霉菌是唯一缺乏CcP的含线粒体生物，并且因为CⅠ和CⅢ类过氧化物酶表现出高度的相似性和几个保守的关键残基，我们假设祖先CⅢ类过氧化物酶实际上来自链霉菌分化之前的祖先CcP序列。

# 第三节　非动物过氧化物酶的蛋白剂量进化

## 一、生物体的培养和收集

APX、CcP和CⅢ Prx比活性已在不同物种中进行了测试，包括植物、几种真菌和含有叶绿体的原生生物。如图5-6所示生物由藻类和原生动物培养物保藏中心（CCAP）提供并在体外用培养基培养。

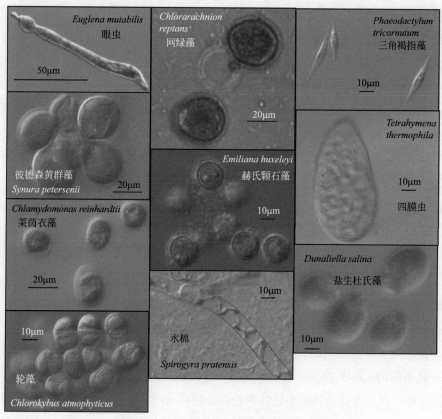

图5-6　用于CcP、APX和CIII过氧化物酶活性测定的低等生物

（扫封底或勒口处二维码看彩图）

## 二、APX、CcP 和 CⅢ过氧化物酶的活性测定

对于多细胞生物，在液氮下用研钵和研杵将约 100mg 的新鲜材料研磨成细粉。对于其他生物体，将细胞培养物过滤以将细胞与培养基分离，并对 100mg 样品进行超声处理以破坏组织和细胞。为了提取蛋白质，将样品与 200μL 含有磷酸钾缓冲液（50mmol/L，pH 7.0）、EDTA（5mmol/L）、PVPP（16g/L）的提取液混合。匀浆在 4℃下以 10000$g$ 离心 10min，上清液用于酶和总蛋白测定。总蛋白使用 Bradford 方法进行测定。

APX 活性是基于抗坏血酸（ascorbic acid，ASA）的氧化来确定的。氧化是根据 0.5 ～ 5min 之间 290nm（$OD_{290}$）吸光度降低的测量值确定的。已含有 2mmol/L ASA 的 20μL 蛋白质提取物样品用含有磷酸钾缓冲液（50mmol/L，pH7.0）、ASA（0.5mmol/L）和 $H_2O_2$（0.1mmol/L）的反应混合物制成总体积为 1mL。加入蛋白质提取物开始反应，并使用 Cary 60 分光光度计（安捷伦）进行测量。APX 辅助因子 $H_2O_2$ 对 ASA 的低非酶氧化进行了校正。APX/ 酶活性的单位定义为在上述测定条件下 1μg 总蛋白在 1min 内吸光度的下降。

CcP 活性是通过测量 10 ～ 30s 之间 550nm（$OD_{550}$）的光密度来确定的，该光密度是由从牛心脏（Sigma-aldrich）获得的先前还原的细胞色素 c 的氧化产生的。这种还原是通过在室温下将 0.22mmol/L 细胞色素 c 的溶液与 0.5mmol/L DTT 溶液混合 15min 来实现的，之后从红色变为淡粉红色表示还原良好。使用光谱法通过测量在测定缓冲液中稀释 20 倍的溶液等分试样的 $OD_{550}/OD_{565}$ 的比率来量化。然后通过向含有 200μmol/L $H_2O_2$ 和 20μmol/L 还原细胞色素 c 的溶液中加入 10μL 50mmol/L 磷酸钠缓冲液（pH7.0）中的蛋白质提取物来进行 CcP 活性测定。

CⅢ Prx 活性是通过测量 1mL 最终体积的反应混合物中愈创木酚（Guaiacol）的氧化来确定的，该反应混合物含有磷酸钾缓冲液（50mmol/L，pH 6.0）、0.125%（体积分数）愈创木酚和 20μL 蛋白质提取物。通过添加 125μL $H_2O_2$（11mmol/L）开始反应，通过 1min 内 $OD_{470}$ 的增加值确定愈创木酚氧化。

## 三、CⅢ过氧化物酶在陆生植物中的活性高于藻类

根据以上材料和方法，我们检测了不同物种中 APX、CcP 和 CⅢ Prx 的活性，包括植物、真菌和含有叶绿体的原生生物。在物种之间可以观察到 APX 活性的显著变化，可能是由于其器官的变异性或不同的底物亲和力。然而，所测试的不同绿色植物之间的活性变化仍在同一数量级内（图 5-7），这与生物信息学分析中检测到的 APX 序列的数量保持一致。正如预期那样，在不含叶绿体的生物体中没有检测到 APX 活性。除了属于链霉菌属的八种生物外，在所有含有线粒体的生物体中都检测到 CcP 活性（图 5-8）。这与 CcP 编码序列的有无保持一致。CⅢ Prx 的活性仅在链霉菌中检测到（图 5-9），这与我们的编码序列数量分析保持一致。链藻和陆生植物之间的差异非常大。我们还观察到，我们检查的陆生链霉菌

之间的活性存在显著差异，这可能是由于植物年龄或发育阶段的差异所致。这与拟南芥中 CⅢ Prx 的活性在幼嫩和成熟植物之间显著不同的发现一致（Cosio，*et al.*，2010）。令人惊讶的是，尽管在这些生物中存在 CⅢ Prx 序列，但在来自 *S. pratensis* 和 *C. orbicularis* 的蛋白质提取物中仅检测到很低的活性（图 5-9），这可能是由于细胞壁蛋白质的可提取性差和 / 或对体外底物的亲和力较低引起的。在双星藻目（Zygnematales）中，检测的 12 个物种包含相似数量的 APX 序列，但 5 个物种不存在 CⅢ PrX，表明 CⅢ Prx 的表达低于 APX。在绿色植物中，与绿藻相比，陆生植物中 CⅢ PrX 的活性在增加，而植物之间未检测到 APX 或 CcP 活性的显著差异。CⅢ Prx 活性的爆发可能与基因家族的大规模扩张有关。虽然还没有直接证据证明，但这种爆发可能与环境氧浓度的变化、器官和细胞壁的复杂性增加、气候变化、新生物群落的定植、新病原体的不断出现以及最近的人类对栽培植物的影响有关（Passardi，*et al.*，2004）。

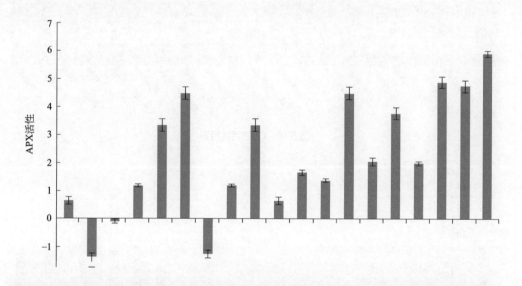

图 5-7　APX 活性检测

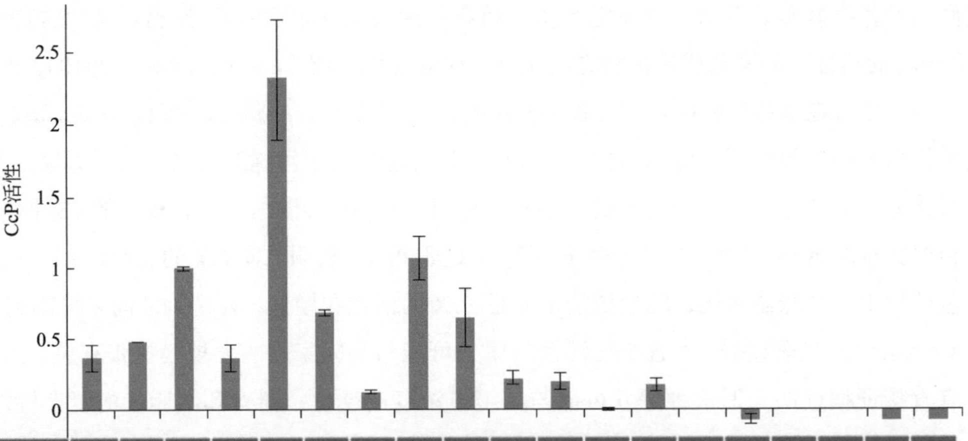

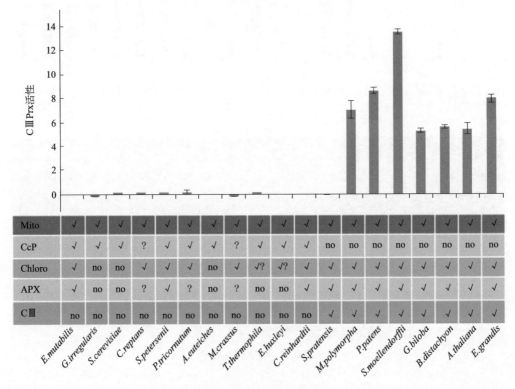

图 5-8 CcP 活性检测

图 5-9 CⅢ Prx 活性检测

# 第四节　植物过氧化物酶的起源和进化模型

　　根据上述研究得出结论，三个 C Ⅰ Prx 亚类（APX、CcP 和 CP）源自最初存在于真核生物域（Neomura）中的相同祖先 C Ⅰ Prx 序列。该序列不再存在于所有当前的原核生物中，仅偶尔发现包含两个融合过氧化物酶结构域的双功能 CP。由于水平基因转移，在一些随机分布的真核生物中也检测到 CP。大多数生物界中 CP 的分散分布以及原核生物中缺乏其他非动物过氧化物酶强烈支持单功能祖先 C Ⅰ Prx 的存在。

　　APX 可以在所有的叶绿体生物中检测到，CcP 可以在原生生物中检测到，但是在绿藻（*Charophyte*）和陆生植物中不存在。同时 APX 和 CcP 含有相似的序列、3D 结构和保守区域。所以基于这些共同特性我们推断，APX 和 CcP 是起源于同一祖先。随着绿藻和轮藻的分化，CcP 消失并且伴随着 C Ⅲ Prx 的出现。同样，C Ⅲ Prx 与 CcP 也有相似的序列、基因结构、三维结构和共同的结构域。所以我们认为在轮藻诞生分化之前，有一个物种中的 CcP 突变成 C Ⅲ Prx。也就是说 C Ⅲ Prx 起源于 CcP。C Ⅲ Prx 在起源后，伴随着植物的进化，其基因剂量和蛋白剂量增加。

# 第六章
# 氧化还原酶基因的获得与丢失

研究不同物种或品系间的基因结构、基因增益和丢失对于大规模进化和适应性分析是必要的。为了更好地分析氧化还原酶基因网络在近缘物种之间的差异，4个桉树物种的11个氧化还原酶基因蛋白家族（1CysPrx、2CysPrx、APX、APX-R、CⅢ Prx、DiOx、GPx、Cat、PrxⅡ、PrxQ 和 Rboh）被注释和比较，基于这些数据分析了四个近缘物种之间的基因得失、蛋白表达和进化历史。这是首次对四种桉树物种进行大规模的专家注释和比较分析，分析进化过程中的重复事件和不同生物之间的差异。

## 第一节　数据来源和基因注释

### 一、数据来源

由于其生长速度快、木材和纤维的特性好以及适应性广等特点，单倍体染色体数为11的桉树已从澳大利亚迅速引入法国、巴西、葡萄牙和中国等多个国家。桉树属包含超过700个种，它们具有不同的生长条件和表型。随着基因组测序项目（Myburg, et al., 2014）以及赤桉（E. camaldulensis）、大桉（E. globulus）、巨桉（E. grandis）和冈尼桉（E. gunnii）等一些桉树属物种的表达序列标签（EST）库的扩展，对这些物种的基因家族专业注释和比较分析已成为可能。这4个物种起源于不同的环境，适应了导致不同形态和基因型的各种胁迫，是研究植物对环境适应的良好模型。

赤桉和巨桉的基因组和蛋白质组分别从 Kazusa 数据库和 Phytozome 数据库下载。大桉和冈尼桉基因组的测序数据分别从 JGI 数据库和 Tree for Joule 数据库获得。这些数据是四个桉属物种比较分析的数据来源。

## 二、氧化还原酶的注释流程

鉴于这四个物种的亲缘关系较近，而且各个物种的来源数据类型不同，我们建立了这四个物种氧化还原酶注释的一个综合注释流程，包括自动注释、手动注释和作为补充注释实验检测（图6-1）。

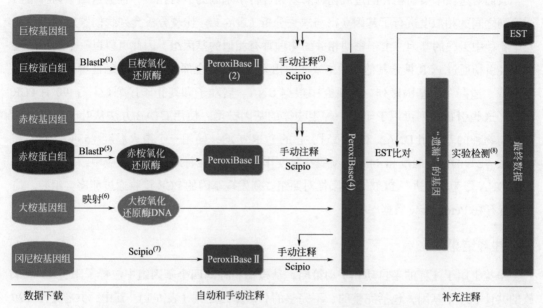

图6-1  四种桉树物种中桉树氧化还原酶基因综合注释过程的工作流程

[1] 本次 BlastP 的查询数据为杨树（*P. trichocarpa*）的蛋白质序列集。[2]PeroxiBase II 是 RedOxiBase 的一个辅助数据库，用于在注释过程中保存一些临时数据。[3]Scipio 程序以人工标注的蛋白质序列为查询数据。[4]PeroxiBase 中存储的数据包含蛋白质、DNA、CDS 序列和基因结构信息。巨桉基因的染色体位置也包括在内。[5]BlastP 相似性搜索的查询是巨桉的蛋白质集。[6] 映射（Mapping）程序以巨桉和赤桉的 DNA 集为查询，得到大桉的过氧化物酶 DNA 序列。[7] 以包含巨桉、赤桉和大桉的过氧化物酶的蛋白质集作为 Scipio 程序的查询数据。[8] 对生物体中"遗漏"的基因进行 PCR 检测并注释

### 1. 自动注释和手动注释

为了获得自动预测的过氧化物酶序列，首先，以杨树（*P. trichocarpa*）的蛋白质序列作为查询条件来搜索巨桉的蛋白质组并获得对应于 11 个家族的一组初始自动注释蛋白质数据，然后通过人工校对过程舍弃自动预测中的错误。在这个过程中，可变剪切和冗余序列被丢弃，以防止系统发育分析过程中的错误。基于基因结构、保守域的存在和 EST 支持验证了部分基因模型。校正后的蛋白质序列集用于使用 Scipio（Keller，*et al.*，2008）进行基因组同源性预测，得到相应的染色体位置、基因结构、DNA 和 CDS 序列。每个基因的命名如下：Egr，后跟蛋白质家族缩写和代表染色体上位置顺序的数字。赤桉的注释协议是使用先前注释的巨桉序列执行的，遵循与巨桉类似的过程。大桉（*E. globulus*）基因组 DNA 的短读长数据用映射（Mapping）方法组装（Tsai，*et al.*，2010）。短读长数据以巨桉过氧化物酶 DNA 序列为参考

基因组进行组装，构建与碱基序列相似但不一定相同的序列。类似的策略也用于冈尼桉注释，使用在其他三种桉树物种中检测到的蛋白质作为最初查询条件。赤桉、大桉和冈尼桉的序列是根据巨桉直系同源序列进行命名。

**2. 基因的成对比较和"丢失"基因的实验检测**

我们对这四个桉树物种的过氧化物酶基因进行了基因的成对比较，根据这四个物种蛋白质序列之间的相似度进行了基因获得与缺失分析（表 6-1）。比较分析允许我们鉴定在一个或几个物种中丢失的基因。由于密切相关的物种具有相似的基因组，因此可以以一个物种的基因设计引物通过 PCR 搜索其他物种中缺失的相关序列或补全部分序列或重新注释假基因。为了寻找"遗漏"的基因序列，本研究中根据 DNA、启动子和终止子序列设计了 90 对 PCR 引物，这些引物序列可用于至少一种生物体的基因扩增。使用 CTAB 方法从叶子中提取四种桉树物种的基因组 DNA。对于每对引物的 PCR 扩增，使用三个退火温度（53℃、58℃和63℃）、72℃的延伸温度和94℃的预变性温度作为参数。在每对引物的反应中，以含有靶基因的 DNA 作为模板进行 PCR 作为阳性对照组。新发现基因的 PCR 产物通过测序、组装、注释并保存在 PeroxiBase 数据库中。

## 三、注释结果

得益于用于注释的半自动和手动策略，从桉树物种的四个基因组中注释了来自 11 个家族的共计 884 个基因，包括完整的、不完整的和假基因序列（表 6-1）。其中，共鉴定了 229个巨桉基因，包括 64 个假基因。Phytozome 使用基于同源性的 FgenesH++ 和 GenomeScan 预测程序仅正确预测了 92 个蛋白质，而错误预测了 40 个基因。剩余的 97 个序列不是由 Phytozome 自动预测的，最终通过基因组组装和 NCBI 上可用的 EST 库的支持而手动注释的。在赤桉中，Kazusa 结合几个基因预测程序（GeneMark.hmm、GeneScan、NetGene2 和 Splicepredictor）正确预测了 214 个序列中的 82 个，而错误预测了 124 个基因，这意味着只有 8 个未预测的序列被手动注释。在大桉和冈尼桉中，由于没有可用的预测，因此使用巨桉蛋白质作为模板进行注释，分别注释了 232 个和 209 个基因，分别包括 70 个和 62 个假基因。通过四个基因组中 ROS 调控家族的比较，发现四个基因组数据集的质量和完整性各不相同。事实上，我们已经分别从赤桉、大桉、巨桉和冈尼桉中获得了 112 个、114 个、70 个和 78 个不完整基因。这些不完整的序列（不完整基因和假基因）与未确定的核苷酸或移码有关，可能是由于测序不良、覆盖率低和组装错误或基因组假基因化所致。在这四个测序和组装基因组中，由于测序覆盖率高，大桉与其他三种生物相比显示出更好的输出。本研究中检测到的较高的错误或未预测基因的水平主要是由于多基因家族注释的复杂性导致的。

尽管新基因组的注释质量因组装和注释的新工具而有所提高，但错误或遗漏注释的百分比仍然很高。从巨桉和赤桉获得的结果证实了自动注释过程的偏差，特别是在大型多基因家族的情况下。一些基因仍然没有或没有正确预测和注释。

表 6-1　四种桉树物种的氧化还原酶基因统计

| 物种 | 赤桉 (E. camaldulensis) | | 大桉 (E. globulus) | | 巨桉 (E. grandis) | | 冈尼桉 (E. gunnii) | |
|---|---|---|---|---|---|---|---|---|
| 数据来源① | 数据 | PCR | 数据 | PCR | 数据 | PCR | 数据 | PCR |
| 1CysPrx | 3 (2+0+1) | 1 (0+0+1) | 4 (0+2+2) | 0 | 3 (1+0+2) | 0 | 3 (1+0+2) | 1 (0+0+1) |
| 2CysPrx | 1 (0+1+0) | 0 | 1 (1+0+0) | 0 | 1 (1+0+0) | 0 | 1 (1+0+0) | 0 |
| APX | 10 (3+5+2) | 0 | 10 (7+0+3) | 1 (0+0+1) | 11 (7+0+4) | 0 | 10 (7+0+3) | 0 |
| APX-R | 2 (1+0+1) | 0 | 1 (1+0+0) | 0 | 2 (1+0+1) | 0 | 2 (1+0+1) | 0 |
| CIII Prx | 163 (84+39+40) | 16 (0+6+10) | 180 (93+32+55) | 3 (0+2+1) | 179 (126+2+51) | 12 (2+5+5) | 159 (100+11+48) | 17 (1+8+8) |
| DiOx | 1 (1+0+0) | 0 | 1 (1+0+0) | 0 | 1 (1+0+0) | 0 | 1 (1+0+0) | 0 |
| GPx | 11 (3+5+3) | 0 | 10 (5+3+2) | 0 | 9 (9+0+0) | 1 (0+0+1) | 9 (7+1+1) | 1 (0+0+1) |
| Cat | 12 (1+4+7) | 2 (0+1+1) | 14 (3+3+8) | 0 | 12 (2+4+6) | 2 (0+1+1) | 13 (4+2+7) | 1 (0+1+0) |
| PrxII | 3 (3+0+0) | 0 | 3 (2+1+0) | 0 | 3 (3+0+0) | 0 | 3 (2+1+0) | 0 |
| PrxQ | 1 (1+0+0) | 0 | 1 (0+1+0) | 0 | 1 (1+0+0) | 0 | 1 (1+0+0) | 0 |
| Rboh | 7 (3+4+0) | 0 | 7 (5+2+0) | 0 | 7 (7+0+0) | 0 | 7 (6+1+0) | 0 |
| 总计 | 214 (102+58+54) | 19 (0+7+12) | 232 (118+44+70) | 4 (0+2+2) | 229 (159+6+64) | 15 (2+6+7) | 209 (131+16+62) | 19 (1+9+9) |
| 自动正确注释率 | 82 (35.19%) | | nd | | 92 (37.70%) | | nd | |
| 基因组数据覆盖度 | 91.8% | | 98.3% | | 93.9% | | 91.7% | |

① 四种桉树物种的数据是在对现有基因组和 EST 数据进行注释后获得的。括号内为每个物种和每个基因家族进行发现的总数的详细信息，部分序列和检测到的假基因的数量，用加号分隔。基因组数据的覆盖率对应于以下公式：基因组覆盖率 = 数据库中的基因总数 / （数据库中的基因总数 +PCR 检测）。

## 四、实验检测是必要且有效检测"遗漏"基因的步骤

在四种桉树物种中发现的属于氧化还原酶属基因集的比较分析允许许识别一种或几种生物体中推定的基因组(表6-2)。即使所研究的基因集受到许多重复和基因数量变异的影响,四种桉树物种之间检测到的差异似乎也高于预期。当然,因为每个基因组的测序质量并不相同,组装程序也不尽相同,我们不能确定这些基因是真正的基因还是由于测序和序列组装的过程中产生的数据遗漏。所以,我们根据已经存在的基因对引物设计去检测和疑似丢失的基因进行检测和测序去鉴定"遗漏"序列。最终鉴定出57个新序列,在赤桉、大桉、巨桉和冈尼桉基因组中分别为19个、4个、15个和19个。大多数新发现的基因占总基因数的比例为82.5%。来自赤桉、大桉、巨桉和冈尼桉基因组,由PCR检测到的新基因占总基因数的比例分别为8.2%、1.7%、6.1%和8.3%。这些数字可以大体反映基因组测序的覆盖率,也提示我们实验检测是必要且有效检测遗漏基因的重要步骤。我们把这个实验检测过程称为补充注释过程。当然,这种检测方法更容易应用于亲缘关系较近的基因组的注释,而不适用于亲缘关系较远的基因组。

表6-2 成对比较和搜索"遗漏"的过氧化物酶序列

| 赤桉(E. camaldulensis) | 大桉(E. globulus) | 巨桉(E. grandis) | 冈尼桉(E. gunnii) | 前引物(5'→3') | 后引物(5'→3') |
|---|---|---|---|---|---|
| Ecam1CysPrx[P]01 | Egl1CysPrx[P]01 | Egr1CysPrx[P]01 | Egu1CysPrx[P]01 | Egr1CysPrx01F: GGGGTGCAGCCCGGGGCCA | Egr1CysPrx01R: CTAATCGATATGAGTGAA |
| Ecam1CysPrx03-2 | EglICysPrx03-2 | M | Egu1CysPrx[P]03-2 | Ecam1CysPrx03F: GAAACGATTCATTCCAAGAAA | Ecam1CysPrx03R: TAACATGTCGCTAAGCAACAA |
| EcamAPx[P]02 | EglAPx[P]02 | EgrAPx[P]02 | EguAPx[P]02 | EgrAPx[P]02F: CCTCCACATCTAAGGGA | EgrAPx[P]02R: CTTCGGATACAACTCAACATAA |
| M | EglAPx[P]04 | EgrAPx[P]04 | EguAPx[P]054 | EgrAPx[P]04F: ATGGGTCTCTCGGACAAGGACATAG | EgrAPx[P]04: GCTCAAGATCACCACGCCGCAGCCA |
| EcamAPx06 | EglAPx[P]06 | EgrAPx[P]06 | M | EcamAPx06F: CTTAAAAGTAAGCATTCAA | EcamAPx06R: GCTGCGTGAAGAACTTGGCA |
| EcamAPx-R[P] | M | EgrAPx-R[P] | EguAPx-R[P] | EcamAPx-R[P]F: AAATCCCAACGGTCTTCTCCCT | EcamAPx-R[P]R: CTTCACAGGCTTTTTTAGCCCA |

续表

| 赤桉（E. camaldulensis） | 大桉（E. globulus） | 巨桉（E. grandis） | 冈尼桉（E. gunnii） | 前引物（5'——→3'） | 后引物（5'——→3'） |
|---|---|---|---|---|---|
| EcamPrx02 | EglPrx02 | EgrPrx02 | EguPrx02 | EgrPrx02F: TATCATCATGCGATTTAAAAATT | EgrPrx02R: GATTGTTTGGGCTGCTGCACT |
| EcamPrx[P]03 | EglPrx[P]03 | EgrPrx[P]03 | EguPrx[P]03 | EgrPrx[P]03F: ATGAGCTCATGCTCAGTGCGGCA | EgrPrx[P]03R: ACCATGTTGCATACCAAGACAA |
| EcamPrx[P]07 | EglPrx[P]07 | EgrPrx[P]07 | EguPrx[P]07 | EcamPrx07F: GGTTTGGATGTGCTGGACCTT | EcamPrx07R: TTCCCGTTCACGACTCGGCA |
| EcamPrx[P]11 | EglPrx[P]11 | EgrPrx[P]11 | EguPrx[P]11 | EgrPrx[P]11F: ATGACACCATCAAGGTTGTGGCAGT | EgrPrx[P]11R: GAGGTCCACGACTTCGCGGAGGA |
| EcamPrx13 | EglPrx13 | EgrPrx13 | EguPrx13 | EgrPrx13F: ATGAGAGCATCAATGTGGT | EgrPrx13R: TTTCCTGTTCACGACTCGGCA |
| EcamPrx[P]14 | EglPrx[P]14 | EgrPrx[P]14 | EguPrx[P]14 | EgrPrx[P]14F: AGCTCATGCTCAGTGCGGCA | EgrPrx[P]14R: GCCAAGTAGAGTAGTGAGGT |
| EcamPrx15 | EglPrx15 | EgrPrx15 | EguPrx15 | EgrPrx15F: CGTGTGGTCAGCACAGGA | EgrPrx15R: TTGCAAGATCATTCAACCTTT |
| EcamPrx16 | EglPrx16 | EgrPrx16 | M | EgrPrx16F: TTGCCTAGTGCAATTGCTT | EgrPrx16R: TATGCTTCCAAATTAGGAGA |
| EcamPrx18 | EglPrx18 | EgrPrx18 | M | EgrPrx18F: TTCGCTTATCTCCTTCTTTGCT | EgrPrx18R: CAAACTTTAAAGACAGAAAAA |
| M | M | EgrPrx[P]19 | M | EgrPrx19F: GGATGCGACGCGACAATTT | EgrPrx19R: TAAACTTTAAAGACAGCAAA |
| EcamPrx20 | EglPrx20 | EgrPrx20 | M | EgrPrx20F: TTCGCTTATCTCCTTCTTTGCT | EgrPrx20R: CAAACTTTAAAGACAGAAAA |

续表

| 赤桉（E. camaldulensis） | 大桉（E. globulus） | 巨桉（E. grandis） | 冈尼桉（E. gunnii） | 前引物（5' → 3'） | 后引物（5' → 3'） |
|---|---|---|---|---|---|
| EcamPrx23 | M | EgrPrx23 | EguPrx23 | EgrPrx23F: ATGGCTTGGGAGAGCTCTTCGGTCA | EgrPrx23R: TTAGTTGACATTCCTGCGAGTTCTTCCTA |
| M | EglPrx[P]27 | EgrPrx[P]27 | EguPrx[P]27 | EgrPrx[P]27F: CTTCATATTCACTGCCATCAA | EgrPrx[P]27R: AAAACATCATCTACAGATTCA |
| M | EglPrx28 | EgrPrx28 | EguPrx28 | EgrPrx28F: TTGGAGGGCCTTCATGGGAA | EgrPrx28R: CAATACCCTAAAAAAGTACGGGT |
| EcamPrx[P]34 | EglPrx[P]34 | EgrPrx[P]34 | EguPrx[P]34 | EgrPrx[P]34F: TCAGCCACCATCAAGCGCGT | EgrPrx[P]34R: CTAGATGTACCGCAACAACA |
| M | M | EgrPrx[P]37 | EguPrx[P]37 | EcamPrx37F: CTCGTAATCTCAGTGCAATTT | EcamPrx37R: AATTTAATGAAATCGGTGGCT |
| EcamPrx39 | M | EgrPrx39 | EguPrx39 | EgrPrx39F: ATGGCTTTAAATAGCCTCAGCCTCGT | EgrPrx39R: TCAGTTCAACCTTCGGCAATTTGAGCGA |
| EcamPrx[P]40 | EglPrx[P]40 | EgrPrx[P]40 | EguPrx[P]40 | EgrPrx[P]40F: TAAACAAGACGTACCGCAACAA | EgrPrx[P]40R: ATGGCCTTAGGTAGCCTCAGCCT |
| EcamPrx50 | M | EgrPrx50 | EguPrx50 | EgrPrx50F: GAGGGATCCGACTAGTCCAGACA | EgrPrx50R: TAACATGTCGCACTTGACGTAGAA |
| EcamPrx52 | EglPrx52 | EgrPrx52 | M | EgrPrx52F: GAGGGATCCGACTAGTCTAGACA | EgrPrx52R: TGCTCACATGCATGCACCCAAA |
| EcamPrx53 | EglPrx53 | EgrPrx53 | M | EgrPrx53F: GAGGTGTCCGATTAGTCCAGACCA | EgrPrx53R: CACGTACACGCACTCGGCCAAAA |
| EcamPrx54 | EglPrx54 | EgrPrx54 | M | EgrPrx54F: GGTGTCCGATTAGTCCAGACC | EgrPrx54R: CGTACACGCACTCGGCCAAA |

续表

| 赤桉 (E. camaldulensis) | 大桉 (E. globulus) | 巨桉 (E. grandis) | 冈尼桉 (E. gunnii) | 前引物 (5'→3') | 后引物 (5'→3') |
|---|---|---|---|---|---|
| M | EglPrx64 | EgrPrx64 | M | EgrPrx64F: CTGGGGCGGGCCAAGTGGGAAGT | EgrPrx64R: CTTTCCACAACCCGAGTGGTGA |
| EcamPrx66-2 | EglPrx66-2 | EgrPrx66-2 | M | EcamPrx66-2F: AGTTGTCCCAATGTTTTGAGCA | EcamPrx66-2R: TAGGACAACCGATTCGCGAGCA |
| EcamPrx77 | EglPrx[P]77 | EgrPrx[P]77 | EguPrx[P]77 | EgrPrx[P]77F: CATCGACCCTTTTCATCGCCCTCA | EgrPrx[P]77R: TGCAGAGTCACACTTCATAATT |
| M | EglPrx[P]79 | EgrPrx[P]79 | EguPrx[P]79 | EgrPrx[P]79F: TGCTCATCGACCCTTTTCAT | EgrPrx[P]79R: CTAAGGACGAGAGGTTGATGGAA |
| EcamPrx[P]81 | EglPrx81 | EgrPrx81 | M | EgrPrx81F: TTCTCACTGATTTGTCCTCAA | EgrPrx81R: TATGAAATTTGAAAACAAAGAAA |
| M | EglPrx83 | EgrPrx83 | EguPrx83 | EgrPrx83F: ATCGGGCGATAACAATCATCGT | EgrPrx83R: CATTCCATGCTCAATCCTGTGT |
| EcamPrx87 | EglPrx87 | EgrPrx87 | EguPrx[P]87 | EgrPrx87F: ATTGGGCGATAACAATCATCGTT | EgrPrx87R: ATTCCATGCTCAATCCTGTGT |
| EcamPrx88 | EglPrx88 | EgrPrx88 | EguPrx88 | EgrPrx88F: CAGCCTTCGCGGTTACCAGGTGAT | EgrPrx88R: TTAATTAACCTTTGCACACACTTT |
| EcamPrx[P]89 | M | EgrPrx[P]89 | M | EgrPrx[P]89F: TCAGCGAACTTTTACGTGAGCT | EgrPrx[P]89R: GTGGCAGCGTGAACCTAGTCATGT |
| EcamPrx97 | EglPrx97 | EgrPrx97 | EguPrx97 | EgrPrx97F: GACAGAACTGCTGTAATAATTCT | EgrPrx97R: GGCAAGAATCTGTACTTCTATCAA |
| EcamPrx[P]101 | EglPrx[P]101 | EgrPrx[P]101 | EguPrx[P]101 | EgrPrx[P]101F: CTATGGGATTCCCTCTCGCC | EgrPrx[P]101R: GGGGCTTCGGTTTCCATGGCT |

续表

| 赤桉 (E. camaldulensis) | 大桉 (E. globulus) | 巨桉 (E. grandis) | 冈尼桉 (E. gunnii) | 前引物 (5' ⟶ 3') | 后引物 (5' ⟶ 3') |
| --- | --- | --- | --- | --- | --- |
| EcamPrx[P]104 | EglPrx[P]104 | EgrPrx[P]104 | EguPrx[P]104 | EgrPrx[P]104F: AACTCCTACTACAACTTGCTCT | EgrPrx[P]104R: TCATGTATTGATAAATCTGCAGTTCT |
| EcamPrx[P]106 | EglPrx[P]106 | EgrPrx[P]106 | M | EgrPrx[P]106F: AGGAACGATGATGGGGTCATCGA | EgrPrx[P]106R: TCCATGGCTACCGTCCATGAGAA |
| EcamPrx[P]107 | EglPrx[P]107 | EgrPrx[P]107 | EguPrx[P]107 | EgrPrx[P]107F: CACATTGAGTGTGGGGGCCA | EgrPrx[P]107R: ATGTTCGGTGGACGTCGGTGA |
| EcamPrx[P]108 | EglPrx[P]108 | EgrPrx[P]108 | M | EgrPrx[P]108F: TTGAGGACTTTTACTAAACACT | EgrPrx[P]108R: AGGAACAATGATGGCGTCAA |
| EcamPrx110 | EglPrx110 | EgrPrx110 | EguPrx110 | EgrPrx110F: TTAAAAGTCAAACGAGTCTTCA | EgrPrx110R: GCACGGATTCAGGGAATGCA |
| M | M | EgrPrx116 | EguPrx116 | EgrPrx116F: TCATCGGACACACAGCACAGTT | EgrPrx116R: CCATCAAAGGAGTATACAT |
| M | EglPrx[P]127 | EgrPrx[P]127 | EguPrx[P]127 | EgrPrx[P]127F: TTTTGATATCGAAGTCAATGTTAA | EgrPrx[P]127R: CAACCTAAGTAGTACTGACACCGA |
| EcamPrx129-2 | M | M | M | EcamPrx129-2F: ATCGAGGTGCTCACTGGCACGCAA | EcamPrx129-2R: AAGATAGAGAGGAGAAAATGTCAA |
| EcamPrx130 | EglPrx130 | EgrPrx130 | M | EgrPrx130F: TCAAAACAGAAGCAGTTGTCGAAA | EgrPrx130R: TTCTGTGAGTGAAATTGCTCCTTTTTT |
| M | EglPrx138 | EgrPrx138 | EguPrx138 | EgrPrx138F: AGCAAAAGCTTATACACTTCATT | EgrPrx138R: CACTGAAAATACCAAAATGCAAT |
| M | EglPrx[P]139 | EgrPrx[P]139 | EguPrx[P]139 | EgrPrx[P]139F: TTTGTGCAAGGACGAGGTACGAGA | EgrPrx[P]139R: ATAGCAGAAATTCAACCCAAAAGTCAT |

第六章 氧化还原酶基因的获得与丢失 | 067

续表

| 赤桉（E. camaldulensis） | 大桉（E. globulus） | 巨桉（E. grandis） | 冈尼桉（E. gunnii） | 前引物（5'——→3'） | 后引物（5'——→3'） |
|---|---|---|---|---|---|
| EcamPrx[P]140 | EglPrx[P]140 | EgrPrx140 | EguPrx[P]140 | EgrPrx140F: CTTGCCAATTCTTCAGCTACAGA | EgrPrx140R: CACTGAAATACCGAAGTGCAA |
| EcamPrx[P]143 | EglPrx[P]143 | EgrPrx[P]143 | EguPrx[P]143 | EgrPrx[P]143F: ATGCTAGTACTCTTGAGCATGT | EgrPrx[P]143R: TCACATAAAAACTCATCACTT |
| M | EglPrx145 | EgrPrx145 | EguPrx145 | EgrPrx145F: ACGCATATTTTATTCCTAGAAA | EgrPrx145R: TAGTCTCTGACATTGCCAAT |
| EcamPrx153 | EglPrx153 | EgrPrx153 | EguPrx153 | EgrPrx153F: CTTGGAAATGAAAACTATGAGA | EgrPrx153R: TGTCGGATGAAAATCAAAGTTA |
| EcamPrx154 | EglPrx154 | EgrPrx154 | EguPrx154 | EgrPrx154F: CTTGGGAATGAGAACTATGAGAA | EgrPrx154R: TGTCGGATGAAAGTCAAAGT |
| M | EglPrx155 | EgrPrx155 | EguPrx155 | EgrPrx155F: AAACAAGAGTCGACAGCGAT | EgrPrx155R: CTCCACTCTCTCTCTTCATCT |
| M | EglPrx161 | EgrPrx161 | EguPrx161 | EgrPrx161F: CCATTCACCAGCTGATTAGCGA | EgrPrx161R: CCTTTGTAAATTCAAGGTGAGA |
| M | EglPrx[P]164 | EgrPrx[P]164 | EguPrx[P]164 | EgrPrx[P]164F: ATGGGCATTGTTTTGGGTTTT | EgrPrx[P]164R: AAAACCCAAAACAATGCCCAT |
| M | EglPrx[P]165 | EgrPrx[P]165 | EguPrx[P]165 | EgrPrx[P]165F: CAATCGAGTTGCCCTGAAGGTGAA | EgrPrx[P]165R: CATGATATTTTCCGTGAAACGAA |
| EcamPrx167 | EglPrx167 | EgrPrx167 | EguPrx167 | EgrPrx167F: CTCCCTTGTCTCTCTTTCCCAT | EgrPrx167R: AAGAAAAACGTCTCCAAAGA |
| M | EglPrx[P]168 | EgrPrx[P]168 | EguPrx[P]168 | EgrPrx[P]168F: GTTGCCGAGAGACTCCGTCATGGA | EgrPrx[P]168R: ACAAACGTCTCCAAAAGAACAA |

续表

| 赤桉（E. camaldulensis） | 大桉（E. globulus） | 巨桉（E. grandis） | 冈尼桉（E. gunnii） | 前引物（5'——→3'） | 后引物（5'——→3'） |
|---|---|---|---|---|---|
| EcamPrx[P]174 | EglPrx[P]174 | EgrPrx[P]174 | EguPrx[P]174 | EgrPrx[P]174F: GGGTTCTACAAATCGACGTGT | EgrPrx[P]174R: ATTCACGGAGCTGCACTGTCT |
| EcamPrx176 | EglPrx176 | EgrPrx176 | M | EcamPrx176F: TGTGAGAGAGAGAGAGAGAGA | EcamPrx176R: ATGCATAACCCAAAAGAAACT |
| EcamPrx177 | EglPrx177 | EgrPrx177 | EguPrx177 | EgrPrx177F: AGCAAAAGCTTATTCACTTCATT | EgrPrx177R: CACTGAAATACCGAAGTGCAATAA |
| EcamPrx178 | EglPrx178 | EgrPrx178 | EguPrx178 | EgrPrx178F: AGCAAAAGCTTATACACTTCATT | EgrPrx178R: CACTGAAATACCAAAATGCAATAA |
| EcamPrx179 | EglPrx179 | EgrPrx[P]179 | EguPrx179 | EgrPrx179F: GGAGGGCACCACCATAGGAACT | EgrPrx179R: CACTGAAATACCGAAGTGCAAT |
| EcamPrx[P]180 | EglPrx[P]180 | EgrPrx[P]180 | EguPrx[P]180 | EgrPrx[P]180F: TTGGGTGGACCTACGTGGACCGTT | EgrPrx[P]180R: CCGAACATCCTCGCAAAAGCTAAT |
| EcamPrx[P]182 | EglPrx[P]182 | EgrPrx182 | EguPrx[P]182 | EcamPrx[P]182F: ATGGCTTGGGAGAGCTCTTCTGTCA | EcamPrx[P]182R: ACTCCGTGGTTGGTTGGAATGCTT |
| EcamPrx[P]183 | EglPrx[P]183 | M | M | EcamPrx[P]183F: ATGGAAGTTCTCGCATCATCAGT | EcamPrx[P]183R: TTCTTTGATTTTTGAAAATAGA |
| EcamPrx[P]184 | EglPrx[P]184 | EgrPrx[P]184 | EguPrx[P]184 | EcamPrx[P]184F: CTGTTTGCAGACTTACCGTAATCTG | EcamPrx[P]184R: AATCTTTTGACCTTGCACAGTA |
| EcamPrx[P]186 | EglPrx[P]186 | EgrPrx[P]186 | EguPrx[P]186 | EcamPrx[P]186F: TCATGACCAGGAGAAGAGATT | EcamPrx[P]186R: AACATAATAAGAGAACACATGAGT |

续表

| 赤桉（E. camaldulensis） | 大桉（E. globulus） | 巨桉（E. grandis） | 冈尼桉（E. gumnii） | 前引物（5' → 3'） | 后引物（5' → 3'） |
|---|---|---|---|---|---|
| EcamPrx[P]188 | EglPrx[P]188 | EgrPrx[P]188 | EguPrx[P]188 | EcamPrx[P]188F: GAGATCGGGAAAGCCTTGGC | EcamPrx[P]188R: GATGTTTTCGCCTCTTCAGCT |
| EcamPrx188 | EglPrx188 | M | M | EcamPrx188F: CTTGTGTCTCTTTCCCATCT | EcamPrx188R: ATGAAGGCAAAAACATCATGAAA |
| EcamPrx[P]189 | M | M | M | EcamPrx[P]189F: TTAGTAGGAAGAGAAAATTTGT | EcamPrx[P]189R: AACATCATAAAAGAACACGA |
| EcamPrx[P]190 | EglPrx[P]190 | EgrPrx[P]190 | EguPrx[P]190 | EcamPrx190F: TTGATCCTGTATCCCGCCA | EcamPrx190R: ACACGCCCAGACAAAGCAGT |
| EcamPrx191 | EglPrx191 | EgrPrx191 | EguPrx191 | EcamPrx191F: ATGGCCTCCAATAGCAACTT | EcamPrx191R: GTTCACCACCCTACAGTTCCTT |
| EcamPrx192 | EglPrx192 | EgrPrx192 | EguPrx192 | EcamPrx192F: GTGGCTCTCTCCGAAGTAGTCT | EcamPrx192R: CTAATTAACATGGCACAATTCTT |
| EcamPrx194 | M | EgrPrx194 | M | EcamPrx193F: GCAAATGGGCCGGATTACGAGAGGT | EcamPrx193R: CTAATTTCAAAGAGTCATCGTTGAA |
| EcamPrx195 | M | EgrPrx195 | EguPrx195 | EcamPrx195F: AGTTCATATTCTTATCCGTTT | EcamPrx195R: GTTGACAAAGCAATCATGAAA |
| EcamPrx[P]197 | M | EgrPrx[P]197 | EguPrx[P]197 | EcamPrx[P]197F: AAGACCAAAAACGACACTCGTT | EcamPrx[P]197R: TTATTGCTACAAGTCCCAACGA |
| EcamPrx198 | M | M | M | EcamPrx198F: TTTCTGCAGGGTTGTGAAGAT | EcamPrx198R: TTAATTAATCTTTGAACACACT |

续表

| 赤桉（E. camaldulensis） | 大桉（E. globulus） | 巨桉（E. grandis） | 冈尼桉（E. gunnii） | 前引物（5'——→3'） | 后引物（5'——→3'） |
|---|---|---|---|---|---|
| EcamPrx200 | EglPrx200 | EgrPrx200 | EguPrx200 | EcamPrx200F:<br>ATGGCTTCCAATACAAACCGGAAGA | EcamPrx200R:<br>GGTGTGCTATGATCAGCTCAATGCGT |
| EcamGPx01 | EglGPx01 | EgrGPx01 | M | EgrGPx01F:<br>CGCATCTTTGAACGCTTGTA | EgrGPx01R:<br>GGATGAAAGTACGAAGAGCT |
| EcamGPx[P]07 | M | EgrGPx07 | EguGPx07 | EgrGPx07F: ACTTCTCATCCTCACA | EgrGPx07R:<br>TAATATTTTTCTCGAAAACCA |
| EcamGPx[P]10 | EglGPx[P]10 | EgrGPx[P]10 | EguGPx[P]10 | EglGPx10F: TTAGCAATCACGTGCAA | EglGPx10R: GCCAAAGAAATCCACAA |
| EcamGPx[P]11 | EglGPx[P]11 | M | EguGPx[P]11 | EcamGPx[P]11F:<br>GAAGTGAACGAGGAAAAGGCA | EcamGPx[P]11R:<br>CTCAACGGTAAGATGAGATGT |
| EcamKat[P]01-2 | EglKat01-2 | EgrKat01-2 | EguKat01-2 | EgrKat01-2F:<br>TCTCAGTTTCGTGCTCT | EgrKat01-2R:<br>TGTCACAAGAAAATATTTTGT |
| EcamKat10 | EglKat10 | EgrKat10 | EguKat10 | EgrKat10F:<br>CCCAAATCCCACGTCCAGGA | EgrKat10R:<br>TATCGCTGCGGTAGGATTCAA |
| EcamKat[P]12 | EglKat[P]12 | EgrKat[P]12 | EguKat[P]12 | EcamKat[P]12F:<br>CAAACTATCATCTACGTCATA | EcamKat[P]12R:<br>GCAATGTGGACAAGAGAACTGCCAT |
| EcamKat13 | EglKat[P]13 | EgrKat13 | EguKat13 | EcamKat13F:<br>ATAAACTATTTTCCATCAAGGT | EcamKat13R:<br>TTAAATGCTGGTTCGCACATTGA |

注："遗漏"序列用 M 标示，用于引物设计的序列用粗体标示。引物根据用于设计的序列命名。

# 第二节 四个桉树物种中的 11 个 ROS 调控家族的比较

## 一、进化过程中的基因得失事件

物种形成过程往往伴随着生物体特异性基因的诞生和丢失。这个过程也在近亲物种之间检测到，并且可以在多基因家族中得到增强。经过四个物种的氧化还原酶基因家族的比较分析，我们在四个物种之间发现了基因增益和丢失事件（图 6-2）。例如，与巨桉的 C Ⅲ Prx 家族相比，大桉包含 2 个特定的 C Ⅲ Prx 直系同源序列、11 个缺失序列和 182 个共同序列。巨桉与冈尼桉相比，丢失了 16 个 C Ⅲ Prx，没有获得基因；与大桉相比，丢失了 11 个，获得了 6 个基因；与赤桉相比，丢失了 14 个，获得了 10 个基因。

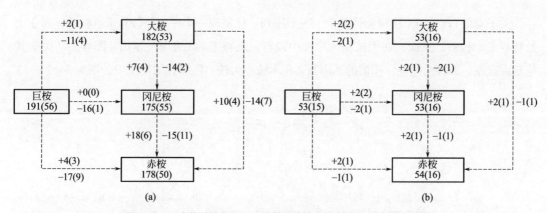

图 6-2 四个物种的氧化还原酶基因家族在进化过程中的基因得失

氧化还原酶基因数量的变化如图所示：（a）C Ⅲ Prx；（b）其他 10 个氧化还原酶基因家族。矩形中的数字和物种名称分别代表每个物种中的基因数量。加号（+）和减号（−）表示自物种形成以来获得和丢失的基因数量，括号中为假基因的数量。以大桉和巨桉之间的联系为例：大桉中有 9 个 C Ⅲ Prx 基因（包括 6 个假基因），在巨桉中不含直系同源基因，大桉的 9 个 C Ⅲ Prx 基因在巨桉中缺乏直系同源基因（包括 2 个假基因）

基于染色体位置和系统发育分析，部分缺失基因是已识别基因簇的成员或属于假基因组（一种生物中缺失的基因在其他生物中都是假基因）（表 6-3）。例如，在巨桉基因组中遗漏的 1CysPrx03-2 是 1CysPrx03-1 的重复。巨桉中缺失的 Prx183.Prx189 和 GPx11 是其他三种桉树物种中的假基因。在这种情况下，由于基因冗余或假基因的错误功能，这些基因丢失事件可能不会对植物的生物学特性产生太大影响。相比之下，在其他生物中作为单基因的遗漏基因可以直接为不同的桉树物种引入不同的特征。功能基因的缺失可能是四种生物具有不同生物学特性和适应性的关键原因。

表 6-3　四个物种的氧化还原酶基因家族的缺失序列

| 物种 | 赤桉<br>（*E. camaldulensis*） | 大桉<br>（*E. globulus*） | 巨桉<br>（*E. grandis*） | 冈尼桉<br>（*E. gunnii*） |
|---|---|---|---|---|
| 1 | Prx19, Prx37,<br>Prx64, Prx79,<br>Prx83, Prx116,<br>Prx127, Prx138,<br>Prx139, Prx161,<br>Prx164 | Apx-R[P], Prx19,<br>Prx23, Prx37,<br>Prx39, Prx50,<br>Prx116, Prx129-<br>2, GPx07 | 1CysPrx03-2,<br>Prx129-2,<br>Prx188 | Prx16, Prx18, Prx19,<br>Prx20, Prx52, Prx53,<br>Prx54, Prx64, Prx66-2,<br>Prx106, Prx129-2, Prx130,<br>Prx176, Prx188, GPx01 |
| 2 | APx04, Prx27,<br>Prx28, Prx145,<br>Prx155, Prx165,<br>Prx168 | Prx89, Prx189,<br>Prx194, Prx195,<br>Prx197, Prx198 | Prx183,<br>Prx189,<br>Prx198, GPx11 | APx06, Prx81, Prx89,<br>Prx108, Prx183, Prx189,<br>Prx194 |

注：1 为一种生物中遗漏的基因是其他生物中基因簇的成员；2 为一种生物中遗漏的基因在其他生物中是单基因的。字体加粗的基因：一种生物中缺失的基因在其他生物中都是假基因；字体斜体的基因：一种生物体中缺失的基因在所有其他生物体中并不全是假基因；正常字体的基因：在其他生物体中不全是假基因，也不全是不完整的或完整的基因。

　　关于 CⅢ Prx，四个桉树物种共享 155 个序列。已发现一个序列是特异于巨桉的，而 3 个是特异于赤桉的。然而，在大桉和冈尼桉中没有发现特定的 CⅢ Prx 基因（图 6-3）。关于其他基因家族，四种桉树包含相似的基因数（在赤桉、大桉、巨桉和冈尼桉中分别为 54 个、53

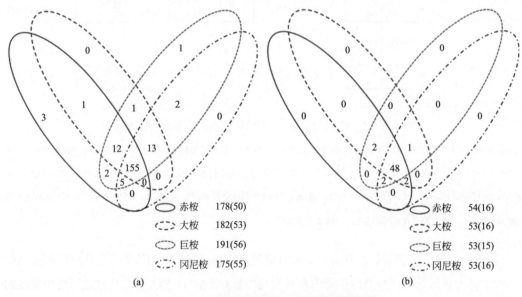

图 6-3　四个桉树物种中氧化还原酶基因的维恩图

维恩图显示了四个桉树物种之间共享的过氧化物酶基因的数量：冈尼桉、赤桉、巨桉和大桉。（a）CⅢ Prx 族的维恩图；（b）其他 10 个氧化还原酶基因家族的维恩图。每个生物体的总基因数用椭圆表示，写在每个特定名称的左侧，假基因数写在括号中。每个交叉区域的面积和基因数量是不成比例的

（扫封底或勒口处二维码看彩图）

个、53 个和 53 个）。这四种生物共享 48 个序列。在四种桉树物种中未检测到生物特异性基因。然而，仍然难以确定该生物体特异性基因是由其他生物体中的基因获得事件还是基因丢失事件引起的。无论如何，成对比较仍应被视为一种有用的方法，用于选择具有生物特异性功能潜力的候选基因，例如 EguPrx171，而在其他三种生物中没有旁系同源物。冈尼桉缺失的基因数量（23 个）高于其他物种，这表明氧化还原酶基因尤其是 C Ⅲ Prx 基因较少。这可能是冈尼桉的氧化还原酶基因调控网络小于其他三种生物的原因。

## 二、氧化还原酶基因家族的表达谱

为了分析氧化还原酶基因家族的表达模式，我们从 EST 文库和 RNA 测序项目中检索了表达数据。使用比对（tBlastN）与 NCBI 上可用的四种桉树物种的 EST 文库进行比对分析了整套注释蛋白质的表达数据，而拟南芥的 EST 数据来自 TAIR。根据 EST 和 RNAseq 数据计算 5 个生物中每个家族的平均 EST 或 RNA 数，并用以下公式定义每个生物中每个家族的表达水平：一个家族的平均 EST 数 / 整个 ROS 网络的总 EST 数量。

11 个氧化还原酶基因家族的表达显示了四种桉树物种的相似特征，但与拟南芥不同。在家族之间，2CysPrx 和 Prx Ⅱ 的表达水平绝对高于其他家族，而 1CysPrx、APx-R、DiOx 和 Rboh 的表达非常低（图 6-4），这与 Chen 等认为大小守恒的家族具有更高基因表达水平的结论背道而驰（Chen, *et al.*, 2010）。与在桉树物种中观察到的表达水平相反，Cat 家族在拟南芥中的表达水平最高，而 Prx Ⅱ 家族的表达水平最低。在桉树属中，即使在该属被分成不同的物种后，ROS 家族也表现出相似的表达模式。这可以解释为，在自然选择下进化的物种通过一些基因的表达水平相似而保持了桉树属的一些共同特性，而随着桉树属和拟南芥属分裂后的漫长进化过程，ROS 网络家族变得越来越不同。

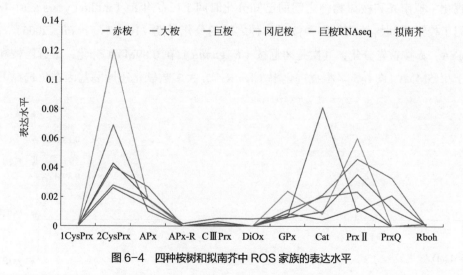

图 6-4 四种桉树和拟南芥中 ROS 家族的表达水平

表达水平通过以下公式计算：每个家族的平均 EST（或 RNAseq 读长）数 / 生物体中基因的总 EST（或 RNAseq 读长）数。

EST 数据来自 NCBI 的 EST 库

（扫封底或勒口处二维码看彩图）

综上所述，桉树物种之间氧化还原酶基因的分析证明了最近的基因增益和丢失事件，这证实了桉树物种的基因组是非常动态的。这些分析也为下一步功能研究的候选基因的选择提供了一种方法。氧化还原酶基因家族在不同生物之间具有不同的表达水平，但在桉树物种之间具有相似的特征。氧化还原酶基因数量的激增和保守可能与器官多样化、气候变化和新病原体的不断出现有关。尽管如此，关于家族爆炸仍然存在一个问题：为什么一些家族遭受了多次重复事件，而其他蛋白质家族在物种形成后保持了相似的基因数？

## 三、四个桉树物种的分化

非同义（Ka）和同义（Ks）核苷酸取代之间的比率是基因选择压力的重要指标，可用于识别可能已改变功能的蛋白质编码基因。比值显著大于 1 表示正选择进化压力，而小于 1 则表示负选择压力，可以在进化过程中保留序列，几乎没有突变（Zhang, *et al.*, 2006；Easteal *et al.*, 1997）。几十年来，人们一直在使用称为"分子钟"的著名假设，该假设提出了氨基酸置换与比较物种之间的分化时间之间的大致比例关系，这对进化研究非常有用（Nei, *et al.*, 2001）。估计分化时间通常比重建系统发育树更困难，因为基因不是以恒定速率进化的。出于这个原因，作者使用了许多独立进化的基因来估计发散时间，以期减少进化速率变化的影响（Doolittle, *et al.*, 1996；Kumar *et al.*, 1998）。近年来，很多作者利用分子和古生物学数据研究了植物的进化关系（Dos Reis, *et al.*, 2011）。BEAST 是一个强大而灵活的进化分析生物信息学包，用于分子序列变异。它还为进一步开发进化分析的新模型和统计方法提供了资源（Drummond, *et al.*, 2007）。

四种桉树物种和拟南芥的详尽注释允许生成高质量的序列以进行分化历史研究。来自完整序列的编码 DNA 序列用于 Ka（非同义突变）和 Ks（同义突变）分析。CDS 序列的共有部分用于 DNAsp 软件的分析（Rozas, *et al.*, 1995）。由 BEAST 软件对 CDS 序列进行分析和可视化。拟南芥和桉树物种之间的已知分化时间 1.12 亿年前（million years ago，MYA）可被用于校准时间树并获得四种桉树物种之间的分化日期（Hedges, *et al.*, 2006）。首先，1.27MYA，赤桉首先分化，其次是冈尼桉（*E. gunnii*）在 0.89MYA 分化，最近巨桉和大桉分化于 0.15MYA（图 6-5）。根据进化率（Ka/Ks），大多数氧化还原酶基因在负选择下进化

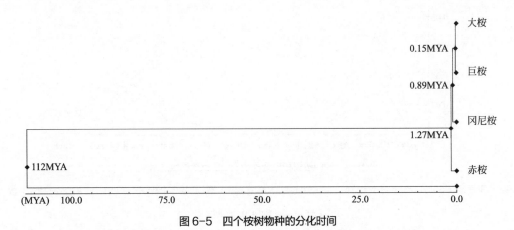

图 6-5 四个桉树物种的分化时间

对于每个生物体，本研究中使用了 49 个氧化还原酶基因。桉树物种之间的分化时间写在节点旁边

（表 6-4）。有趣的是，基于更高的进化率，CⅢ Prx 比其他家族进化得更快。由于 CⅢ Prx 家族的内在特性，更快的进化和高复制率可能是相关的。我们的研究结果将有助于更好地了解亲缘关系密切的物种之间的遗传差异，并激发对物种形成和生物多样化背后机制的进一步研究。

表 6-4　CⅢ过氧化物酶和其他家族基因的进化率（Ka/Ks）

| 基因家族 | EGR vs ECAM | EGL vs ECAM | EGU vs ECAM | EGR vs EGL | EGR vs EGU | EGL vs EGU |
|---|---|---|---|---|---|---|
| 其他家族 | 0.236 | 0.283 | 0.310 | 0.160 | 0.234 | 0.304 |
| Class III Prx | 0.326 | 0.372 | 0.336 | 0.329 | 0.416 | 0.409 |
| APx03 | 0.159 | 0.477 | 0.320 | 0.397 | 0.000 | 0.532 |
| APx07 | 0.228 | 0.078 | 0.314 | 0.156 | 0.158 | 0.461 |
| APx08 | 0.211 | 0.205 | 0.232 | 0.419 | 0.955 | 0.471 |
| Apx-R | 0.650 | 0.325 | 0.325 | 0.163 | 0.163 | 0.000 |
| DiOx01 | 0.134 | 0.194 | 0.145 | 0.000 | 0.259 | 0.350 |
| GPx05 | 0.059 | 0.099 | 0.074 | 0.000 | 0.000 | 0.000 |
| Kat01 | 0.066 | 0.057 | 0.148 | 0.000 | 0.259 | 0.284 |
| PrxII02 | 0.303 | 0.307 | 0.100 | 0.303 | 0.059 | 0.000 |
| PrxQ | 0.317 | 0.802 | 1.132 | 0.000 | 0.254 | 0.642 |
| Prx12 | 0.482 | 0.482 | 0.964 | 0.000 | 0.327 | 0.164 |
| Prx21 | 0.093 | 0.085 | 0.101 | 0.000 | 0.000 | 0.000 |
| Prx23 | 0.212 | 0.163 | 0.317 | 0.172 | 0.408 | 0.152 |
| Prx24 | 0.126 | 0.236 | 0.377 | 0.318 | 0.636 | 0.955 |
| Prx31 | 0.130 | 0.134 | 0.130 | 0.229 | 0.000 | 0.052 |
| Prx48 | 0.943 | 0.835 | 0.545 | 0.414 | 0.385 | 0.183 |
| Prx51 | 0.192 | 0.225 | 0.797 | 0.313 | 0.752 | 0.680 |
| Prx56 | 0.132 | 0.208 | 0.157 | 0.308 | 0.311 | 0.314 |
| Prx58 | 0.422 | 0.365 | 0.249 | 0.000 | 0.919 | 1.392 |
| Prx59 | 0.126 | 0.105 | 0.081 | 0.000 | 0.971 | 0.482 |
| Prx62 | 1.030 | 0.492 | 0.285 | 0.175 | 0.228 | 0.256 |
| Prx66 | 0.163 | 0.109 | 0.209 | 0.109 | 0.109 | 0.163 |
| Prx68 | 0.000 | 0.050 | 0.101 | 0.152 | 0.060 | 0.125 |
| Prx72 | 0.488 | 0.535 | 0.320 | 1.286 | 0.488 | 0.976 |

续表

| 基因家族 | EGR vs ECAM | EGL vs ECAM | EGU vs ECAM | EGR vs EGL | EGR vs EGU | EGL vs EGU |
|---|---|---|---|---|---|---|
| Prx73 | 0.482 | 0.647 | 0.655 | 0.165 | 0.482 | 0.321 |
| Prx82 | 0.079 | 0.100 | 0.089 | 0.318 | 0.156 | 0.104 |
| Prx85 | 0.171 | 0.214 | 0.228 | 0.152 | 0.136 | 0.191 |
| Prx91 | 0.090 | 0.030 | 0.000 | 0.060 | 0.090 | 0.043 |
| Prx93 | 0.245 | 0.188 | 0.281 | 0.132 | 0.188 | 0.333 |
| Prx94 | 0.226 | 0.213 | 0.201 | 0.163 | 0.651 | 0.405 |
| Prx95 | 0.546 | 1.759 | 0.914 | 0.351 | 0.114 | 1.055 |
| Prx96 | 0.000 | 0.000 | 0.299 | 0.000 | 0.352 | 0.386 |
| Prx98 | 0.308 | 0.238 | 0.355 | 0.319 | 0.472 | 0.207 |
| Prx102 | 0.539 | 0.555 | 0.429 | 0.325 | 0.106 | 0.434 |
| Prx105 | 0.000 | 0.062 | 0.000 | 0.310 | 0.000 | 0.155 |
| Prx109 | 0.218 | 0.233 | 0.329 | 0.333 | 1.000 | 0.333 |
| Prx113 | 0.317 | 0.133 | 0.188 | 0.208 | 0.552 | 0.315 |
| Prx114 | 0.307 | 0.349 | 0.266 | 0.403 | 0.122 | 0.403 |
| Prx119 | 0.220 | 0.238 | 0.231 | 0.332 | 0.735 | 0.406 |
| Prx121 | 1.739 | 0.689 | 0.685 | 0.170 | 0.375 | 0.229 |
| Prx123 | 0.910 | 0.525 | 0.761 | 1.841 | 2.455 | 0.607 |
| Prx131 | 0.155 | 0.202 | 0.121 | 0.800 | 0.175 | 0.322 |
| Prx136 | 0.205 | 0.310 | 0.938 | 0.625 | 0.465 | 0.938 |
| Prx144 | 0.310 | 0.779 | 0.414 | 0.416 | 0.371 | 0.496 |
| Prx148 | 0.497 | 1.170 | 0.498 | 0.668 | 0.248 | 0.386 |
| Prx149 | 0.162 | 0.321 | 0.109 | 0.158 | 0.191 | 0.964 |
| Prx150 | 0.257 | 0.345 | 0.350 | 0.000 | 0.230 | 0.348 |
| Prx151 | 0.125 | 0.315 | 0.082 | 0.000 | 0.104 | 0.111 |
| Prx152 | 0.163 | 0.129 | 0.107 | 1.317 | 0.659 | 0.437 |
| Prx156 | 0.404 | 0.183 | 0.319 | 0.320 | 0.277 | 0.320 |
| Prx157 | 0.203 | 0.515 | 0.256 | 0.064 | 0.092 | 0.087 |
| Prx158 | 0.159 | 0.156 | 0.211 | 0.483 | 0.798 | 0.315 |
| Prx191 | 0.425 | 1.373 | 0.515 | 0.344 | 0.680 | 1.039 |

注：EGR 表示巨桉（*E. grandis*），ECAM 表示赤桉（*E. camaldulensis*），EGU 表示冈尼桉（*E. gunnii*），EGL 表示大桉（*E. globulus*）。

# 第七章

# 过氧化物酶基因的复制与"热点"

前面对桉树物种中氧化还原酶的 11 个基因家族进行了详尽而专业的注释，并通过有用且必要的补充实验检测过程进行了数据校正。在四个桉树物种氧化还原酶的比较分析中，我们发现桉树的氧化还原酶的数量与其他一些被子植物相比要多得多。为了探究桉树氧化还原酶基因网络爆炸式增长的原因，本章将对桉树基因组的氧化还原酶基因进行深入分析，揭示存在这些基因家族中的复制与"热点"现象。

## 第一节　氧化还原酶的系统发育和染色体定位

### 一、氧化还原酶的系统发育分析

详尽的计算机与实验挖掘获得了巨桉的氧化还原酶基因，根据这些基因的蛋白序列，我们绘制了这 11 个家族的系统发育树（图 7-1 和图 7-2）。首先，使用 MAFFT 对巨桉的所有完整蛋白质序列进行比对，并使用 BioEdit 进一步对比对结果进行调整。系统发育树使用 Mega 软件的泊松模型（Poisson model）和最大似然（maximum likelihood，ML）方法构建。在这个进化树中，每个家族的成员都被很好地聚类在一起，共同组成了氧化还原酶基因这个超家族。

### 二、氧化还原酶基因的染色体定位和"热点"现象

我们对氧化还原酶基因网络中的 218 个基因的染色体定位进行了可视化展示（图 7-3）。使用 MapChart 软件生成了 11 个家族在巨桉染色体上的基因定位和基因之间复制的展示，包括全基因组复制（whole genome duplication，WGD）（位于不同染色体的复制基因）、节段复制（segmental duplication，SD）（位于同一染色体的较远位置的复制基因）和串联复制（tandem duplication，TD）（位于同一个染色体的相近位置的复制基因）。218 个序列中有 61 个（占比

28%）位于 1 号染色体上，其中有 56 个 CⅢ Prx（174 个 CⅢ Prx 的 32.2%），而在 4 号染色体上仅发现了 5 个基因（占比 2.3%）。基因密度最高的是 1 号染色体（1.52 个 /Mb 基因组），而最低的是 4 号染色体（0.12 个 /Mb 基因组）。在 1 号染色体上检测到的大多数基因位于基因簇中，例如 Prx01 ～ 08、Prx09 ～ 16、Prx17 ～ 25、Prx30 ～ 41 和 Prx50 ～ 55，基因间距离小于 15kb（为整个基因组计算的平均基因间距离），形成了氧化还原酶基因的一个"热点"（Li, *et al.*, 2015; Li, *et al.*, 2020）。这种由基因复制形成的"热点"区域可能与某个优先级很高的功能有关。

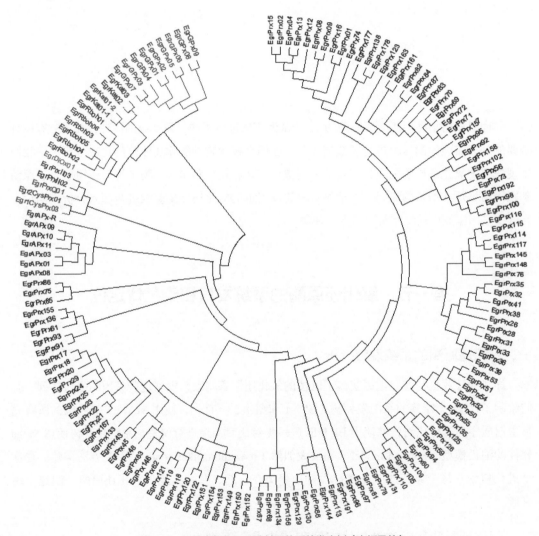

图 7-1 巨桉中氧化还原酶基因的系统发育树（未折叠的）

使用 MAFFT 对氧化还原酶基因的所有注释的完整蛋白质序列进行比对，

并使用最大似然法和 Mega 软件的泊松模型构建系统发育树。11 个基因家族用不同颜色表示

（扫封底或勒口处二维码看彩图）

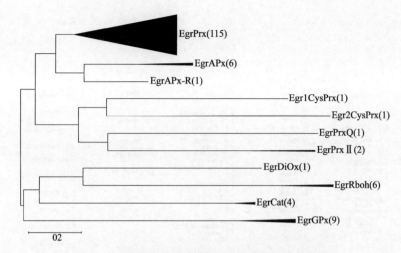

图 7-2　巨桉的氧化还原酶基因的系统发育关系（折叠型）

这 11 个家族由右侧的彩色三角形表示，括号中是本分析中使用的每个家族或亚家族的基因数目。

三角形的大小和包围在组中的基因数是成比例的

（扫封底或勒口处二维码看彩图）

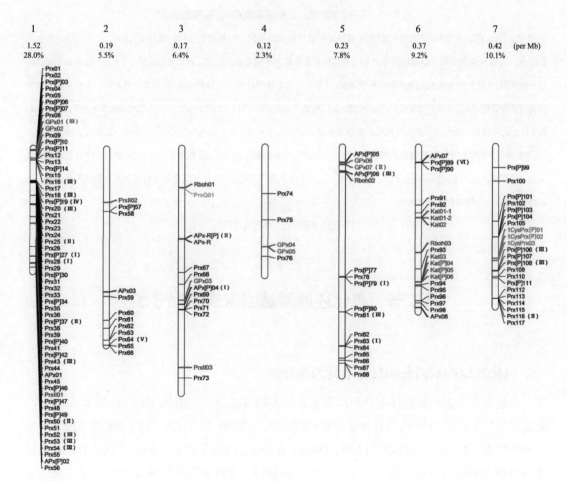

图 7-3

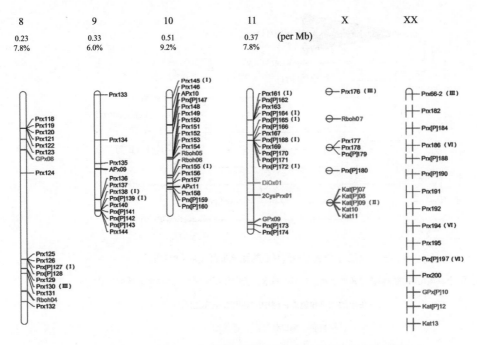

图7-3　来自巨桉的氧化还原酶基因家族的基因组定位

使用 MapChart 展示从基因组程序中注释的所有预测的氧化还原酶基因，包括完整序列、部分序列和位于 11 条染色体上的假基因。从 PCR 克隆策略中获得的新序列没有被定位在染色体。不同的颜色代表不同的基因家族。（Ⅰ）与赤桉相比的巨桉特异性基因。（Ⅱ）与大桉相比的巨桉特异性基因。（Ⅲ）与冈尼桉相比的巨桉特异性基因。（Ⅳ）与赤桉、大桉和冈尼桉相比的巨桉特异性基因。（Ⅴ）与赤桉和冈尼桉相比的巨桉特异性基因。（Ⅵ）与大桉和冈尼桉相比的巨桉特异性基因。SCAF-FOLD 上的基因在"染色体" X 上可视化。新发现的没有位置信息的基因在"染色体" XX 上可视化。氧化还原酶基因密度（每 Mb 染色体的氧化还原酶基因数）和每条染色体上氧化还原酶基因的百分比（染色体上的氧化还原酶基因数 / 巨桉中的总氧化还原酶基因数）被写在了图表上方，"染色体" 上的基因 X 和"染色体" XX 上氧化还原酶基因的百分比未被计算。密度计算公式为：基因数 / 染色体大小

（扫封底或勒口处二维码看彩图）

# 第二节　氧化还原酶基因家族的保守性

## 一、氧化还原酶基因家族具有不同的保守性

　　系统发育分析和染色体定位可以识别各种基因复制事件，例如 TD、SD 和 WGD 事件。根据重复事件，将 11 个家族分为复制型基因家族，如 CⅢ Prx、Cat、1CysPrx 和 GPx，和非复制型家族，如 APx、APx-R、Rboh、DiOx、2CysPrx、PrxⅡ和 PrxQ。为了确定对四种桉树物种所做的分析是否也适用于亲缘关系更远的物种，我们对其他四种双子叶植物的氧化还原酶基因家族进行了分析：拟南芥、葡萄、蒺藜苜蓿和杨树（表 7-1）。非复制型家族（APx、

表 7-1 多个物种的氧化还原酶基因网络的基因数量

| 物种 | 拟南芥 (A. thaliana) | 赤桉 (E. camaldulensis) | 大桉 (E. globulus) | 巨桉 (E. grandis) | 冈尼桉 (E. gunnii) | 疾藜苜蓿 (M. truncatula) | 杨树 (P. trichocarpa) | 葡萄 (V. vinifera) |
|---|---|---|---|---|---|---|---|---|
| 1CysPrx | 1 (0) | 4 (2) | 4 (2) | 3 (2) | 4 (3) | 1 (0) | 1 (0) | 2 (1) |
| 2CysPrx | 2 (0) | 1 (0) | 1 (0) | 1 (0) | 1 (0) | 2 (0) | 2 (0) | 1 (0) |
| APx | 8 (1) | 10 (2) | 11 (4) | 11 (4) | 10 (3) | 8 (1) | 10 (1) | 9 (2) |
| APx-R | 1 (0) | 2 (1) | 1 (0) | 2 (1) | 2 (1) | 1 (0) | 1 (0) | 1 (0) |
| C III Prx | 75 (2) | 179 (50) | 183 (56) | 191 (56) | 176 (56) | 106 (8) | 101 (12) | 97 (10) |
| DiOx | 2 (0) | 1 (0) | 1 (0) | 1 (0) | 1 (0) | 2 (0) | 2 (0) | 3 (0) |
| GPx | 8 (0) | 11 (3) | 10 (2) | 10 (1) | 10 (2) | 7 (0) | 8 (2) | 5 (0) |
| Cat | 3 (0) | 14 (8) | 14 (8) | 14 (7) | 14 (7) | 1 (0) | 4 (1) | 2 (0) |
| Prx II | 6 (1) | 3 (0) | 3 (0) | 3 (0) | 3 (0) | 4 (0) | 5 (1) | 4 (0) |
| PrxQ | 1 (0) | 1 (0) | 1 (0) | 1 (0) | 1 (0) | 1 (0) | 2 (0) | 1 (0) |
| Rboh | 10 (0) | 7 (0) | 7 (0) | 7 (0) | 7 (0) | 10 (0) | 10 (0) | 9 (0) |
| 总计 | 117 (4) | 233 (66) | 236 (72) | 244 (71) | 228 (71) | 143 (9) | 146 (17) | 134 (13) |

注：四种桉树物种的数据来自本研究中进行的注释和 PCR 检测，而拟南芥、葡萄、杨树和疾藜苜蓿的数据则直接从 RedOxiBase 中检索。假基因的数量标注在括号中。每个值由来自基因组数据、EST 数据、实验检测和其他来源的基因组成。

APx-R、Rboh、DiOx、2CysPrx、PrxⅡ和PrxQ）在四个更远的双子叶生物之间呈现稳定的基因数。然而，CⅢ Prx、1CysPrx 和 Cat 在桉树物种之间发生基因数目变化和基因重复，其他四个双子叶生物之间也是可变的。与其他物种相比，桉树物种的基因数量有很大的增加。

事实上，某些物种中假基因的存在可以反映最近正在消失的复制事件。然而，为了适应对比鲜明的极端环境，可能需要保护这些重复。考虑到这一点，根据 Chen（Chen, *et al.*, 2010）的研究，APx-R、2CysPrx、DiOx、PrxQ、APx、GPx、Rboh 和 PrxⅡ等大小保守且假基因较少的基因家族可能是植物生存过程中的必需基因并具有更少的功能变化。另一方面，具有大尺寸变异和假基因的基因家族，如 CⅢ Prx、1CysPrx 和 Cat 可能包含功能冗余但快速适应所需的蛋白质。对于进一步的研究，大多数属于非复制型家族的基因应该是功能简单但功能关键的基因。

## 二、大小变异的家族包含基因复制事件

CⅢ Prx、1CysPrx 和 Cat 家族在亲缘关系较近和远距离物种之间呈现大小差异。这些差异主要是由于基因复制程度不同。从最近的研究中，我们发现了 80 个 TD、8 个 SD 和 10 个 WGD 存在于巨桉的 CⅢ Prx 家族。例如，可以在 1 号染色体上找到一个大的 SD，包括 Egr-Prx01～08 和 EgrPrx09～16 共 16 个基因（图 7-4）。

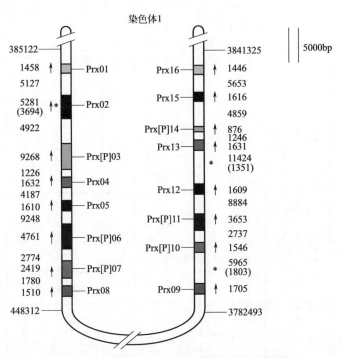

图 7-4　1 号染色体上的大量重复的 CⅢ Prx 基因簇

基因和片段的大小成比例。复制片段的开始和终止位置写在片段的顶部和底部。彩色区域代表 1 号染色体片段中的 CⅢ Prx，基因方向用左侧或右侧的箭头表示。基因和基因间隔的大小标注在每个序列的一侧，括号中是未确定的核苷酸数量。同源基因在两个重复的片段上以相同的颜色显示。[P]：该基因被注释为假基因。*：DNA 序列中有未确定的核苷酸（NNN…）。染色体定位的可视化由 MapChart 构建

（扫封底或勒口处二维码看彩图）

这两个区域来自最新的 SD，其中 8 个基因来自 7 个较早和连续的 TD。从序列和基因结构的角度来看，源自复制事件的基因具有非常相似的编码区（图 7-5）。一个祖先基因被复制 7 次并形成 EgrPrx01 ～ 08 片段，然后将该片段复制并反向插入染色体 1 以形成 EgrPrx09 ～ 16 片段（图 7-6）。

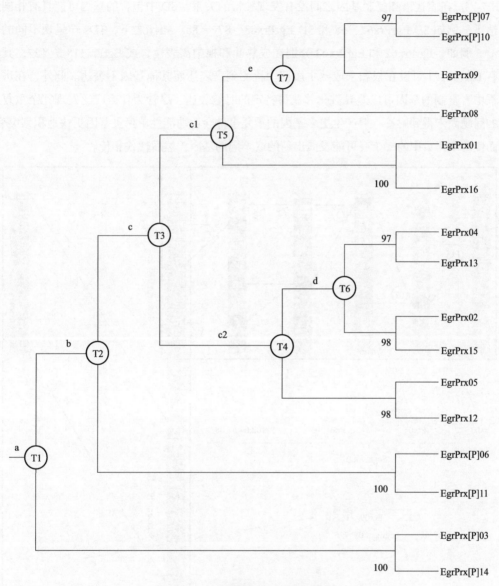

**图 7-5　两个重复片段的系统发育关系**

使用 MAFFT 对 16 个基因的核酸序列进行比对，并使用最大似然法和 Mega 软件的

泊松模型构建系统发育树。T 代表串联复制事件

（扫封底或勒口处二维码看彩图）

这 16 个基因的旁系同源物可以在其他三种桉树物种中检测到（除了 EgrPrx16 在冈尼桉中缺失旁系同源物），但在其他生物体如拟南芥、杨树和蒺藜苜蓿中检测不到。因此，上述重

复事件应该发生在桉树属分化之后和四种桉树物种分化之前。

## 三、重复的基因具有不同的表达谱

　　鉴于巨桉中氧化还原酶基因表达量的热图，可以将氧化还原酶基因家族进行分组（图 7-7）。在表达谱和复制基因之间没有发现独特的关系。SD 中包含的基因可能具有相同的表达谱，例如 SD EgrPrx67、68 和 SD EgrPrx83、87 ～ 88。相比之下，TDs 却呈现不同的表达谱。例如，EgrPrx62 和 EgrPrx63 分别在成熟叶和根中高表达，或 EgrPrx118 ～ 122，其中只有 EgrPrx121 可以在根和未成熟木质部中检测到高表达而其他基因不表达。此外，在进化过程中，复制的基因可以差异进化并获得特定的时空表达。尽管为什么广泛发现冗余重复基因的问题尚未得到解答，但产生更多基因的重复事件会比功能性单拷贝基因更快地积累突变，从而使两个拷贝中的一个有可能发展出新的或不同的基因，然后代代相传。

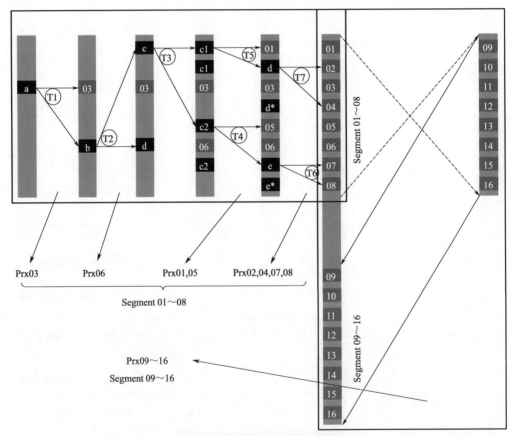

**图 7-6　两个重复片段的进化历程**

本图展示了 16 个基因的假定的进化历程。红色矩形表示假定的 TD 过程，而绿色矩形表示 SD 过程。用黑色矩形表示的基因（命名为 a、b、c 和 d）代表进化过程中出现的一些 CⅢ Prx 基因的祖先基因。星号（＊）表示以相同字母命名的祖先基因的替代定位。右侧虚线箭头（灰色）表示基因片段的逆转过程，而灰色箭头表示基因组插入事件。圆圈中的字母 T 和数字表示 TD 事件。基因出现的顺序（Prx01 ～ 16）显示在左下角

（扫封底或勒口处二维码看彩图）

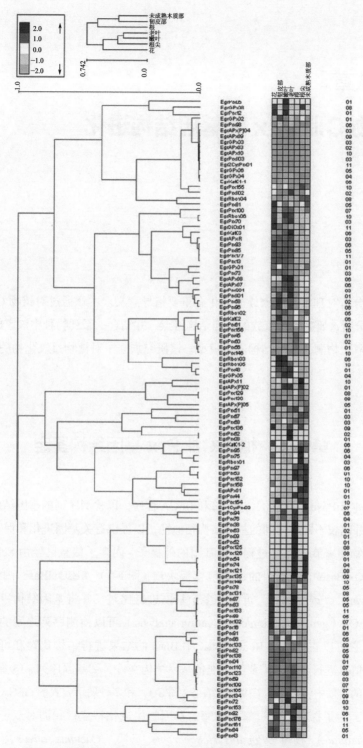

图 7-7 巨桉 (*E. grandis*) 的 ROS 基因在不同组织中表达的热图

每条线代表一个基因，每列代表一个植物组织。已对成熟叶、幼叶、茎尖、韧皮部、未成熟木质部、

花和根进行取样和测试。每个基因所在的染色体号写在热图的右侧

（扫封底或勒口处二维码看彩图）

# 第八章

# 植物 CⅢ Prx 的基因结构进化

基因结构分析对理解基因家族的进化有重要指导意义。本章通过对植物 CⅢ Prx 家族的基因结构进行分析，研究了该家族的基因结构特点，并结合一系列物种中该家族的结构分析，构建了植物过氧化物酶的基因结构进化模型。该研究加强了对植物过氧化物酶进化和功能的理解。

## 第一节 植物 CⅢ Prx 基因结构鉴定

我们在 RedOxiBase 中开发了 CIWOG 和 GECA 程序，以检测序列的基因结构，即外显子 - 内含子结构，并比较不同序列间的基因结构相似性，以提供有关基因进化和保守的信息。

在过氧化物酶家族的注释过程中，基因的外显子 - 内含子信息已经由 Scipio 程序获得，并展示在 RedOxiBase 中该基因的详细信息板块内（图 8-1）。RedOxiBase 中的程序 CIWOG 和 GECA（Fawal, *et al.*, 2012）可以对多个基因进行比对，并将基因结构以图形的方式进行可视化。GECA（gene evolution/conservation analysis）可以检测序列之间的常见内含子和结构相似性。它可以直接使用 RedOxiBase 中 Blast 的结果进行结构比对和可视化；也可以直接输入序列信息进行分析，需要：①准备基因结构文件，②基因序列，③蛋白质序列文件（图 8-2）。输出的结果中将会展示 CIWOG 结果（图 8-3）和多种展示方式的 GECA 结果（图 8-4）。

本研究中，为了探究植物过氧化物酶的基因结构进化特点，我们对双子叶植物拟南芥（*Arabidopsis thaliana*）、杨树（*Populus trichocarpa*）、黄瓜（*Cucumis sativus*）、蓖麻（*Ricinus communis*），单子叶植物二穗短柄草（*Brachypodium distachyon*）、玉米（*Zea mays*）、高粱（*Sorghum bicolor*）、水稻（*Oryza sativa*），以及卷柏（*Selaginella moellendorffii*）、小立碗藓（*Physcomitrella patens*）、水棉（*Spirogyra* sp.）等多个物种中的 CⅢ Prx 的基因结构进行了鉴定和统计分析。

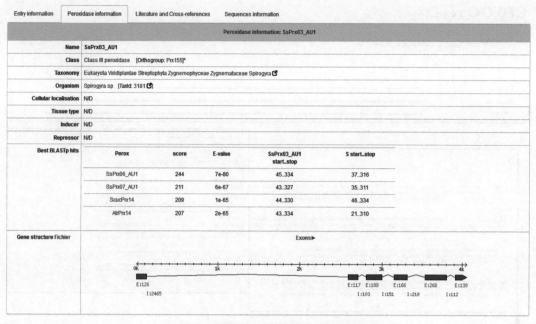

图 8-1　RedOxiBase 中基因结构信息的展示

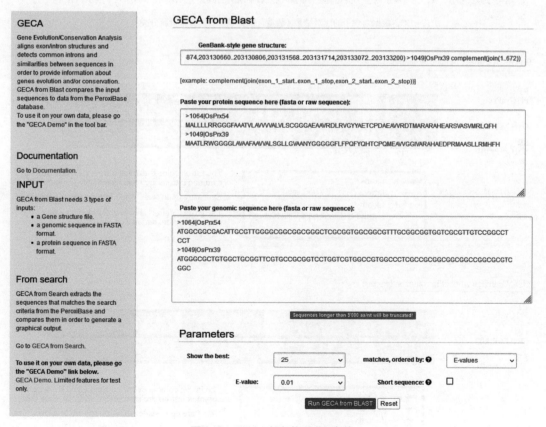

图 8-2　GECA 运行的界面和参数

## CIWOG results:

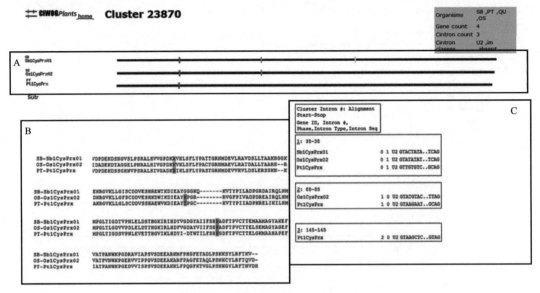

图 8-3　GECA 输出的 CIWOG 结果

结果分为三部分：A，比对展示内含子的位置，不同颜色表示不同类的内含子；B，在蛋白序列中展示内含子位置；

C，根据内含子的比对结果（数量、位置等）对内含子重新分类

(a) GECA's image of gene structures:

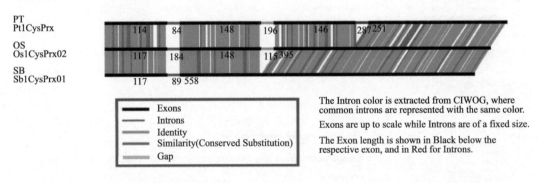

GECA's image without intron/exon lengths:

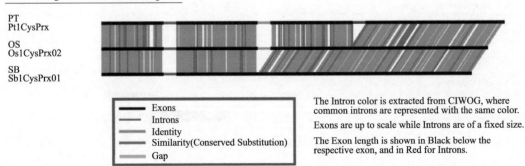

(b) CA's scaled image of gene structures:

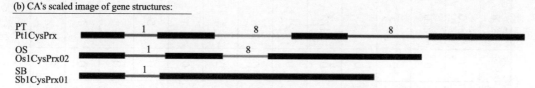

图 8-4　不同展示方式的 GECA 输出结果

主要分为含有或不含有基因结构信息（内含子、外显子的长度信息）且内含子长度成比例的 GECA

［图（a）］和内含子长度成比例的 GECA［图（b）］。这些结果中黑色表示外显子，

灰色表示序列中的 GAP，其他颜色表示不同的内含子

（扫封底或勒口处二维码看彩图）

# 第二节　CⅢ Prx 家族的结构差异

## 一、CⅢ Prx 的内含子类型

内含子数量和位置在进化过程中产生差异，导致了多种基因结构模式的形成。基因结构进化的机制主要是由于在多基因家族中普遍观察到的内含子丢失和增加（Zhu, *et al.*, 2013）。CⅢ Prx 序列通常包含在高度保守区域检测到的 3 个内含子，第一个位于基序"FHDC"和"GCDAS"（Int1）之间，第二个位于基序"SCADIL"和"GGP"（Int2）之间，第三个位于基序"DALVALS"和"HTIG"（Int3）之间。这三个内含子被认为是 CⅢ Prx 的经典内含子结构（IntC）（Passardi, *et al.* 2004）。在某些 CⅢ Prx 序列中也可以观察到位于不同的和非保守的位置的内含子。比如在 Int1 的 5′ 侧、Int3 的 3′ 侧、Int1 和 Int3 之间但与 Int2 不同的位置检测到额外的非典型内含子。这 3 种类型的内含子被分别命名为 Int5′、Int3′ 和 IntP（近端内含子），并根据它们的稀有性被统一命名为 IntR。

## 二、低等植物 CⅢ Prx 基因结构

基因 SsPrx03（6 个外显子和 5 个内含子）的结构不同于绿色植物的任何其他序列。它包含通常的 3 个内含子，在 5′ 和 3′ 中有额外的内含子。该结构包括了本研究分析的基因中最高的内含子数（5）。部分序列和基因测序错误或错误组装导致的假基因未纳入基因结构分析，以免对基因结构模型搭建造成干扰。当然，也正是有些序列未被分析和统计，CⅢ Prx 不同基因结构模式之间的内含子分布情况可能还会略有改变。

## 三、CⅢ Prx 的多种基因结构类型

CⅢ Prx 基因结构模式根据包含的内含子类型进行命名（IntC+IntR），例如模式 123 表示该模式内的基因包含 Int1、Int2 和 Int3；模式 13+5′ 代表基因包含 Int1、Int3 和 Int5′；模式 0 代表没有任何内含子的基因。在这项研究中，对来自不同植物群的 11 个代表性生物的 959 个 CⅢ Prx 基因进行了基因结构分析，总共确定了 19 种不同的基因结构模式，可以分为 4 组：7 种模式包含至少一个经典内含子（模式 C），2 种模式只有非典型内含子（模式 R），1 种模式没有内含子（模式 0），9 个模式至少有一个典型和一个非典型内含子（模式 C+R）（表 8-1）。

表 8-1 C Ⅲ Prx 的广泛外显子 - 内含子结构模型和绿色植物中每个模型的基因数

| 结构模式 | | 内含子数 | 结构图 | At | Pt | Csa | Rco | Bdi | Os | Sb | Zm | Sm | Ppa | Ss | 总量 |
|---|---|---|---|---|---|---|---|---|---|---|---|---|---|---|---|
| 模式 C | P 123 | 3 | | 49 | 57 | 34 | 40 | 25 | 41 | 39 | 39 | 47 | 19 | 0 | 390 |
| | P 12 | 2 | | 8 | 19 | 16 | 7 | 32 | 24 | 29 | 26 | 24 | 15 | 0 | 200 |
| | P 13 | 2 | | 1 | 1 | 1 | 0 | 4 | 1 | 3 | 3 | 4 | 7 | 0 | 25 |
| | P 23 | 2 | | 4 | 1 | 4 | 2 | 4 | 6 | 4 | 5 | 1 | 4 | 0 | 35 |
| | P 1 | 1 | | 3 | 2 | 4 | 4 | 45 | 47 | 36 | 35 | 1 | 2 | 0 | 179 |
| | P 2 | 1 | | 0 | 0 | 1 | 0 | 5 | 4 | 5 | 0 | 3 | 3 | 0 | 21 |
| | P 3 | 1 | | 0 | 0 | 0 | 0 | 3 | 0 | 2 | 0 | 0 | 0 | 0 | 5 |
| 模式 R | P 5' | 1 | | 0 | 0 | 0 | 0 | 0 | 0 | 1 | 0 | 0 | 0 | 0 | 1 |
| | P 3' | 1 | | 0 | 0 | 0 | 0 | 0 | 0 | 0 | 1 | 0 | 0 | 0 | 1 |
| 模式 C+R | P 123+5' | 4 | | 1 | 1 | 1 | 0 | 0 | 0 | 0 | 0 | 2 | 0 | 0 | 5 |
| | P 13+5' | 3 | | 0 | 0 | 0 | 0 | 0 | 0 | 0 | 0 | 1 | 0 | 0 | 1 |
| | P 1+5' | 2 | | 0 | 0 | 0 | 0 | 0 | 1 | 0 | 0 | 0 | 0 | 0 | 1 |
| | P 123+3' | 4 | | 0 | 3 | 0 | 0 | 0 | 0 | 0 | 0 | 1 | 0 | 0 | 4 |

续表

| 结构模式 | | 内含子数 | 结构图 | At | Pt | Csa | Rco | Bdi | Os | Sb | Zm | Sm | Ppa | Ss | 总量 |
|---|---|---|---|---|---|---|---|---|---|---|---|---|---|---|---|
| 模式 C+R | P 13+3' | 3 | | 0 | 0 | 0 | 0 | 1 | 1 | 0 | 0 | 0 | 0 | 0 | 2 |
| | P 23+3' | 3 | | 0 | 0 | 0 | 0 | 0 | 0 | 0 | 0 | 0 | 1 | 0 | 1 |
| | P 1+3' | 2 | | 2 | 0 | 0 | 0 | 5 | 5 | 5 | 4 | 0 | 0 | 0 | 21 |
| | P 123+5'+3' | 5 | | 0 | 0 | 0 | 0 | 1 | 0 | 0 | 0 | 0 | 0 | 1 | 1 |
| | P 1+p | 2 | | 0 | 0 | 0 | 0 | 1 | 1 | 0 | 0 | 0 | 0 | 0 | 2 |
| 模式 0 | P 0 | 0 | | 5 | 3 | 3 | 2 | 14 | 11 | 13 | 12 | 0 | 1 | 0 | 64 |
| 基因总数 | | | | 73 | 87 | 64 | 55 | 139 | 142 | 137 | 125 | 84 | 52 | 1 | 959 |
| 平均内含子数 | | | | 2.5 | 2.7 | 2.4 | 2.6 | 1.6 | 1.8 | 1.8 | 1.8 | 2.6 | 2.3 | 5 | 2.08 |
| | | | | 2.55 | | | | 1.75 | | | | 2.47 | | | |

注：此分析仅使用具有基因组数据的完整序列。灰色框代表外显子，外显子连接线代表内含子。示意图中内含子和外显子的大小不成比例。At：拟南芥（*Arabidopsis thaliana*）；Pt：杨树（*Populus trichocarpa*）；Csa：黄瓜（*Cucumis sativus*）；Rco：蓖麻（*Ricinus communis*）；Bdi：二穗短柄草（*Brachypodium distachyon*）；Zm：玉米（*Zea mays*）；Sb：高粱（*Sorghum bicolor*）；Os：水稻（*Oryza sativa*）；Sm：卷柏（*Selaginella moellendorffii*）；Ppa：小立碗藓（*Physcomitrella patens*）；Ss：水棉（*Spirogyra* sp.）。

# 第三节 单、双子叶植物 CⅢ Prx 基因结构分化

## 一、内含子频率差异

来自代表性生物的 959 个 CⅢ Prx 基因中的 390 个包含经典外显子 - 内含子结构（模式 123）和 3 个保守的经典内含子（40.7%）。在单子叶植物和双子叶植物的 CⅢ Prx 的内含子分布是不同的（表 8-1）。事实上，在单子叶植物中，Int1 的百分比是最丰富的，与其他内含子相比，其比例（内含子数）为 47.8%。在双子叶植物中，Int1 的比例 33.86% 与 Int2（36.03%）和 Int3（28.94%）的比例相当，尤其是 Int1 和 Int2（图 8-5）。该检测结果与模式 123 在双子叶植物中占多数的事实相符。值得注意的是，在 *P. trichocarpa* 中，Int2 具有很高的代表性（38.39%），而在其他生物体中，皆因结构模式以 Int1 为主（图 8-5）。综上所述，在同一祖先的数十万年进化中，单子叶植物和双子叶植物各自形成了独特的结构模式，含有不同频率的内含子。

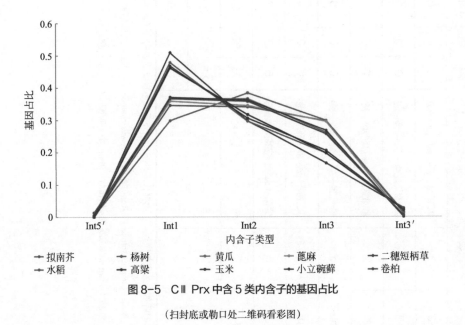

图 8-5 CⅢ Prx 中含 5 类内含子的基因占比

（扫封底或勒口处二维码看彩图）

## 二、内含子数量差异

考虑到内含子数量，在单子叶植物和双子叶植物中也可以得出非常不同的特征（图 8-6）。双子叶植物中的大多数 CⅢ Prx 基因具有 3 个内含子（64.51%）。然而，在单子叶植物中，具有 1 个、2 个和 3 个内含子的基因之间存在数值相似性（分别为 33.89%、30.01% 和 26.89%），总共占 90.79%。

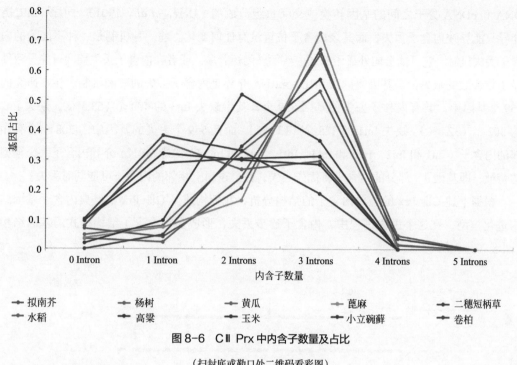

图 8-6　CⅢ Prx 中内含子数量及占比

（扫封底或勒口处二维码看彩图）

## 三、内含子大小差异

我们也对 CⅢ Prx 基因的内含子大小进行了统计。本研究中 11 种生物的平均内含子数为 2.08（表 8-1）。根据内含子的大小，单子叶植物的内含子的平均大小（441bp）（内含子大小范围：35 ～ 15990bp）远大于双子叶植物内含子（230bp，范围：66 ～ 4038bp）和其余生物（128bp，范围：45 ～ 2465bp）。单子叶植物的平均内含子数（1.75）低于双子叶植物（2.55）。

# 第四节　CⅢ Prx 基因结构进化

## 一、CⅢ Prx 的经典内含子经历了内含子丢失事件

外显子 - 内含子模式在复制型基因家族内是保守的，但内含子序列和大小不一定保守。例如，具有 10 个重复基因的 *O. sativa* 亚群包括 8 个模式 123 的基因和 2 个模式 12 的基因（Passardi，*et al.*，2004）。这种广泛观察到的情况表明，富含内含子的基因只能产生内含子稀有的基因，支持已经描述的过氧化氢酶基因进化的天然内含子缺失过程的假设（Frugoli，*et al.*，1998）。考虑到内含子的位置，所有的 Int1、2 和 3 内含子都具有严格固定的位置和高频率（97.98%）。因此我们提出一个假设，即模式 123 的 CⅢ Prx 基因结构进化机制应该是基于基因组缺失和 mRNA 介导的内含子丢失。三个内含子的内含子缺失是随机发生的，但无论哪个内含子被删除，其余内含子的位置都不会改变。mRNA 介导的内含子丢失是由于基因组

DNA 和 cDNA 分子之间的基因转换或交叉重组造成的（Derr，et al.，1991）。同样，mRNA 介导只能导致内含子丢失，而其余内含子位置没有任何变化。前一种机制是一种不准确的内含子丢失机制，它可能会向外显子添加一些额外的核苷酸，或者在内含子丢失期间可能导致外显子核苷酸的缺失。与基因组缺失相比，mRNA 介导是内含子丢失的准确机制。在本研究的 959 个基因中，共有内含子丢失的基因 559 个，其中缺失 Int3 的 490 个（53.3%）、缺失 Int2 的 302 个（32.8%）、缺失 Int1 的 128 个（13.9%）。而且 559 个丢失的基因中的 208 个含有相邻的内含子（Int1 和 Int2，Int2 和 Int3，Int1、Int2 和 Int3），支持 mRNA 介导内含子丢失模型的特征，即基因 3' 部分的内含子将优先丢失，并且逻辑上相邻的内含子可能同时丢失。

根据上述 CⅢ Prx 的经典内含子的结构分析，我们构建了 CⅢ Prx 的经典内含子基因结构进化模型，在这个进化过程中，内含子逐步丢失，形成多种内含子结构模式的基因结构（图 8-7）。

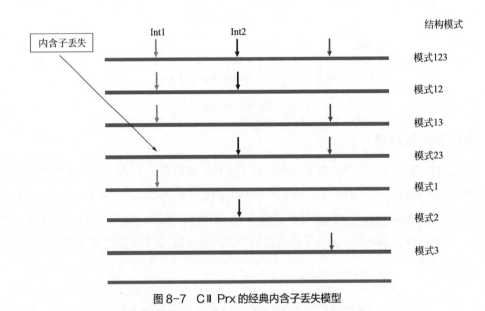

图 8-7 CⅢ Prx 的经典内含子丢失模型

## 二、CⅢ Prx 的稀有内含子经历了内含子增益事件

稀有内含子（Int5'、Int3' 和 IntP）在来自所研究的 11 个生物的 CⅢ Prx 家族中的比例很低（2.02%）。有趣的是，除了 SsPrx03 之外，没有发现另外具有 5 个内含子的基因，并且大多数特殊类型的内含子位于不同的位置，从而引入了多种基因结构模式（表 8-1、图 8-8、图 8-9）。根据 Int5'、Int3' 或 IntP 的不同位置，40 个含有 IntR 的序列可分为 17 个模式。在 11 个生物体中，7 个不同的 Int5' 位置和 10 个 Int3' 位置已被确定，分别命名为 Int5'_01 至 07 和 Int3'_01 至 10。未来检测到的新内含子位置可以按照这种策略命名。

同一位置的 Int5' 或 Int3' 可以在同一生物体或不同生物体中找到。例如，拟南芥、黄瓜和杨树含有的基因 AtPrx21、CsaPrx82 和 PtPrx08，都具有位于同一位置的 Int5'（Int5'_04），而二穗短柄草的基因 SbPrx60、SbPrx61、SbPrx115 和 SbPrx116 含有在同一位置的 Int3'（Int3'_07）。这些位于同一位置的内含子应该来自内含子增益事件后的串联重复或全基因组重复（WGD）。相反，一些生物体包含具有不同 Int5' 或 Int3' 的基因，如卷柏在基因 SmPrx22（Int5'_03）、SmPrx28（Int5'_02）和 SmPrx52（Int5'_05）中具有不同的 Int5'。这些内含子可能源自不同的内含子增加事件。基于位置不确定性和 IntR 出现的低频率，我们提出 Int5' 和 Int3' 的进化机制，即内含子增益而非内含子丢失的假设（图 8-10）。在进化过程中，失去没有调控元件的内含子以提高转录和翻译的效率，同时获得新的内含子以引入新的调控元件，所以，内含子的丢失和增益是一种适应环境的机制。

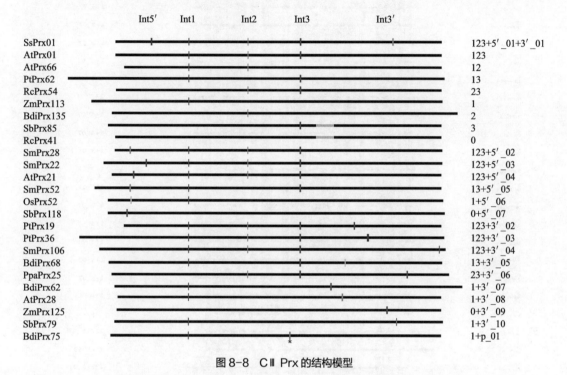

图 8-8　CⅢ Prx 的结构模型

内含子模式的名称标注在每个基因结构图的右侧，内含子类型写在图顶部。* 代表 IntP

（扫封底或勒口处二维码看彩图）

## 三、CⅢ Prx 基因祖先结构和进化模型

　　根据绿色植物中的内含子数量和定位的特征，我们绘制了 CⅢ Prx 基因结构的新模型来描述外显子 - 内含子结构的出现和进化过程。CⅢ Prx 源自绿藻，其中包含有或没有 CⅢ Prx 的生物。祖先 CⅢ Prx 基因包含 3 个经典内含子（Int1、Int2 和 Int3）。SsPrx03 随机获得 Int5' 和 Int3'，形成具有 5 个内含子的结构，而陆地植物生物的进化主枝上仍含有 3 个内含子，并在各自的分枝上获得新的内含子。模式 1+3'_07 出现在二穗短柄草、玉米、高粱和水稻分化之前，而模式 123+5'_04 出现在拟南芥、杨树和黄瓜的分化之前（图 8-11）。需要注意的是，这两种模式分别存在于单子叶植物和双子叶植物中，在单子叶植物和双子叶植物分化后出现并独立传播。同样，在单子叶植物和双子叶植物分化之后，这两类物种的 CⅢ Prx 的结构差异越来越大。

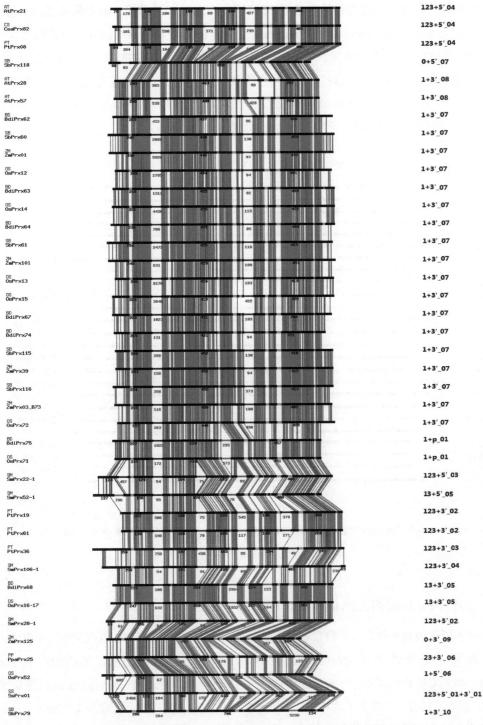

图 8-9 绿色植物中 C Ⅲ Prx 的 Int5′、Int3′ 和 IntP 的多样性

每个基因插图的右侧都注明了内含子模式的名称。此插图是使用 GECA 程序构建的。内含子颜色是从 CIWOG 中提取的，其中常见的内含子用相同的颜色表示，而外显子为黑色，基因间隙为灰色。外显子大小成比例，而内含子大小用固定长度表示。外显子长度在相应外显子下方以黑色显示，内含子以红色显示

（扫封底或勒口处二维码看彩图）

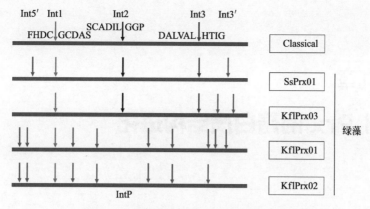

**图 8-10 稀有内含子经历了内含子增益事件**

（扫封底或勒口处二维码看彩图）

　　奇怪的是，早期分化的陆生植物（如本研究中的卷柏和小立碗藓）的基因结构特征与单子叶植物的基因相似得多，包括基因数量、内含子数量和大小（表 8-1）。单子叶植物具有以 Int1 为主的结构模式、低平均内含子数、CⅢ Prx 基因数量以及比双子叶植物和早期分化植物更大的平均内含子大小。基于这种现象，我们假设在单子叶植物中存在一个特定的或明显加速的结构进化过程，这个过程中发生了 IntC 的内含子丢失和内含子大小变异事件。换句话说，在单子叶植物的进化过程中，存在更强或更有效的选择可能导致更高的内含子丢失率和变异。

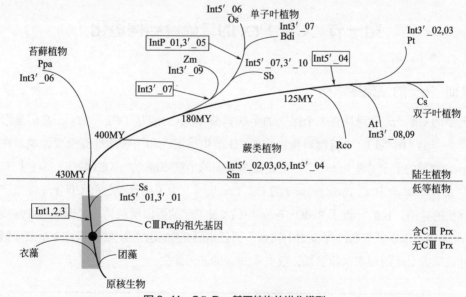

**图 8-11 CⅢ Prx 基因结构的进化模型**

进化树的各类群分化时间从文献中获得（Passardi, *et al.*, 2004）。绿框代表绿藻，其中有 CⅢ Prx 植物。黑色圆点代表含有 CⅢ Prx 的植物的祖先物种。每个物种的内含子增益标记在分支上，而群体的内含子增益用绿色箭头标记。红色的主要进化分支代表 IntC 的进化（主要是内含子丢失事件），黑色的次要进化分支代表 IntR 的进化（主要是内含子增益事件）。At—拟南芥（*Arabidopsis thaliana*）；Pt—杨树（*Populus trichocarpa*）；Cs—黄瓜（*Cucumis sativus*）；Rco—蓖麻（*Ricinus communis*）；Bdi—二穗短柄草（*Brachypodium distachyon*）；Zm—玉米（*Zea mays*）；Sb—高粱（*Sorghum bicolor*）；Os—水稻（*Oryza sativa*）；Sm—卷柏（*Selaginella moellendorffii*）；Ppa—小立碗藓（*Physcomitrella patens*）；Ss—水棉（*Spirogyra* sp.）

# 第九章
# CⅢ Prx 的蛋白质结构进化

蛋白质结构分析对理解基因家族的进化有重要的指导意义。本章通过对植物 CⅢ Prx 家族的蛋白质结构分析，研究了 CⅢ Prx 家族的蛋白质结构特点，并结合一系列物种中该家族的蛋白质结构分析，建立了 CⅢ Prx 家族的蛋白质结构进化模型。该研究加强了对植物过氧化物酶进化和功能的理解。

## 第一节　CⅢ Prx 的二硫键结构进化

### 一、CⅢ Prx 的二硫键结构

典型的 CⅢ Prx 序列具有 8 个保守的半胱氨酸（Cys）残基（C1 ～ C8），它们是形成二硫键所必需的（图 9-1）。二硫键对蛋白质的 3D 结构稳定性和生物活性有重要影响。在来自 *Spirogyra* 物种的七个 CⅢ Prx 中，远端组氨酸周围的半胱氨酸 C2 和 C3 缺失。而它们却存在于来自 *K. flaccidum* 和 *C. peracerosum* 的 CⅢ Prx 基因。为了确认植物间 CⅢ Prx 在半胱氨酸残基方面的异同，我们分析了 RedOxiBase 中的 CⅢ Prx 的蛋白质结构。发现缺乏 Cys 残基的 CⅢ Prx 基因可以在低等和高等植物中找到，而且本研究中未鉴定出缺少超过 2 个二硫键的基因，并且缺少 Cys 的频率也非常低，仅有 4.28% 的基因缺失。

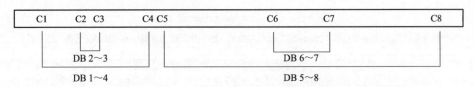

图 9-1　典型的 CⅢ Prx 的 8 个保守的半胱氨酸残基和它们形成的二硫键

C1 ～ C8—半胱氨酸残基；DB—二硫键

## 二、CⅢ Prx 的二硫键缺失

典型的 CⅢ Prx 含有八个保守的半胱氨酸，它们用于四个二硫键的形成。植物中我们检测到 96% 的基因含有 8 个半胱氨酸残基，而 CⅢ Prx 的祖先 CcP 中并不含有半胱氨酸残基。根据 Cys 残基的缺失，我们提出了 CⅢ Prx 二硫键结构进化的进化模型（图 9-2），即 CⅢ Prx 的祖先 CcP 没有半胱氨酸，在自然选择的压力下，不含半胱氨酸的祖先基因演变成早期的含有少量半胱氨酸的 CⅢ Prx 蛋白质，并逐步增加，最终进化成结构稳定的包含 8 个半胱氨酸残基的 CⅢ Prx 蛋白质。我们可以将其余 4% 少于 4 个二硫键的蛋白质进行基因改造以提高它们的热稳定性，或许对植物的性状或环境适应性会有所影响。这个模型可以从逻辑上解释为什么这个基因家族中很少有缺失 Cys 残基的基因，也没有缺失 3 个或全部残基的基因。

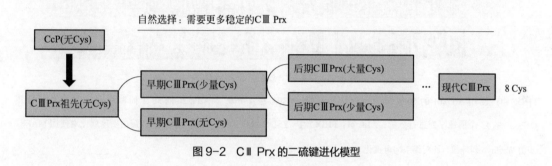

图 9-2　CⅢ Prx 的二硫键进化模型

# 第二节　CⅢ Prx 的保守基序进化

基于 CⅢ Prx 家族的比对和 Weblogo 分析，我们发现了一类双子叶植物特异性基序和一类单子叶植物特异性基序。在单子叶植物的一些 CⅢ Prx 中，血红素结合所必需的高度保守的基序 "FHD" 被 "SV/LD" 取代，而在双子叶植物的一些基因中，它被 "YS/A/TDC" 取代（图 9-3）。有趣的是，几乎每个物种都包含这类特殊的基序，即使含有这类特殊基序的 CⅢ Prx 成员很少。这种类型的基序（缺少残基 "H"）在其他生物［火炬松（*Pinus taeda*）、卷柏、小立碗藓、地钱（*Marchantia polymorpha*）和绿藻］中均未检测到，表明这两种特殊类型的基序出现在单子叶植物和双子叶植物分化之后并在各自的类群中进化。从系统发育关系来看，这两种类型的 CⅢ Prx 位于独立的分组内，表明其可能发生了新功能化或非功能化（图 9-4）。这类基因可能具有潜在的功能，应该成为通过过度表达、基因修饰和基因沉默进行进一步功能研究的良好候选基因。

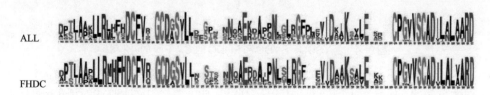

图 9-3

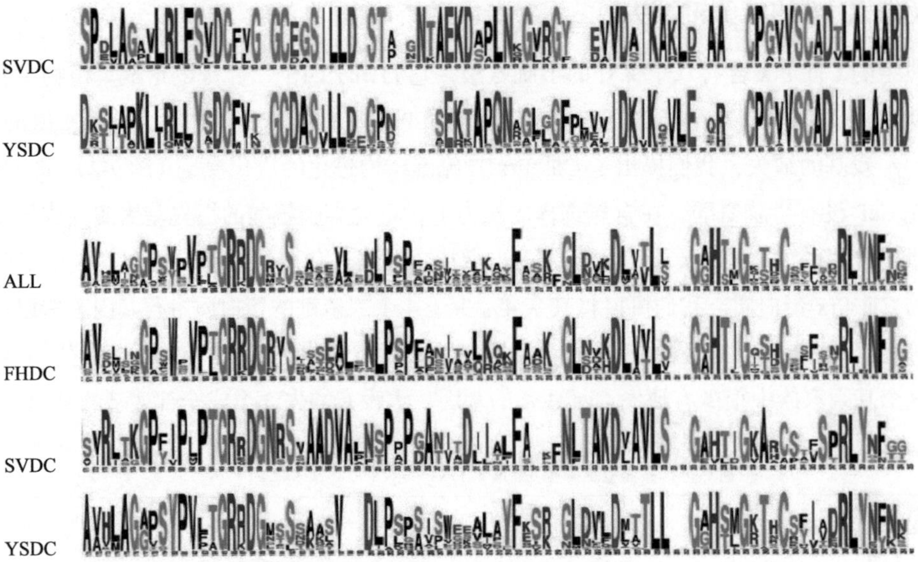

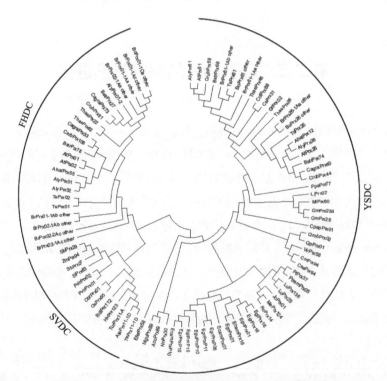

图 9-3 CⅢ Prx 蛋白质的特异基序

FHDC 组：使用 AtPrx01 的 50 个同源序列进行分析；YSDC 组：分析了 AtPrx26 的 50 个同源序列；SVDC 组：使用 OsPrx95 的 13 个同源序列进行分析；ALL 组：FHDC 组、YSDC 组和 SVDC 组的所有序列。蛋白质序列比对使用 MAFFT 并由 Weblogo 程序执行比对结果的可视化

图 9-4 含 YSDC、SVDC 和 FHDC 的 CⅢ Prx 的进化树

FHDC 组：使用 AtPrx01 的 50 个同源序列进行分析；YSDC 组：分析了 AtPrx26 的 50 个同源序列；

SVDC 组：使用 OsPrx95 的 13 个同源序列进行分析；ALL 组：FHDC 组、YSDC 组和 SVDC 组的所有序列。

进化树用 Mega 和 ML 法构建

第四篇

# ROS 调控蛋白与植物抗病
# 相关性研究

# 第十章

# C Ⅲ Prx 家族与植物抗病相关性

C Ⅲ Prx 是一个多基因家族，只能在植物中检测到，在许多生理过程或胁迫反应中起关键作用。本章对甜橙的 C Ⅲ Prx 家族进行了综合分析，包括系统发育关系、基因组结构、染色体位置和其他结构特征的分析。此外，还使用 qRT-PCR 分析了 Xcc 感染过程中 CsPrx 的表达谱和抗病性激素的诱导，以检查 SA 或 MeJA 依赖性。所获得的结果将为进一步研究中国柑橘中 C Ⅲ Prx 的功能提供见解，这无疑有助于未来的基因克隆和功能研究，尤其是用于黄单胞杆菌柑橘亚种（*Xanthomonas citri* subsp. *citri*，*Xcc*）侵染引起的柑橘细菌溃疡病（citrus canker disease，CCD）的研究。

## 第一节 柑橘 C Ⅲ Prx 家族鉴定

### 一、柑橘 C Ⅲ Prx 家族的鉴定流程

对于数据挖掘，可以从 Phytozome 数据库和 Citrus annotation project（CAP）（Wang，*et al*.，2014）中获得并下载甜橙（*C. sinensis*）的基因组和蛋白质组。拟南芥（*A. thaliana*）和杨树（*P. trichocarpa*）的 C Ⅲ Prx 序列可在 RedOxiBase 中下载。本研究的建立基于 RedOxiBase 的 C Ⅲ Prx 注释流程，对 *C. sinensis* 中的 C Ⅲ Prx 进行了详尽的数据挖掘和注释。首先以来自拟南芥的已注释的 73 个 C Ⅲ Prx 作为查询条件进行 BlastP 获得 *C. sinensis* 蛋白质组中对应的 C Ⅲ Prx 家族序列。然后，根据基因结构、特征结构域的存在与 Pfam 和 SMART（simple modular architecture research tool）、EST 支持和 Fgenesh++ 进行重新注释。在 EST 分析中，以 CsPrx 基因作为查询条件针对 NCBI EST 数据库执行 BlastN。Scipio 用于检索相应的染色体位置、基因结构和序列提取。每个基因都用 CsPrx 后跟一个代表甜橙（*C. sinensis*）染色体上的顺序数字进行命名。

## 二、柑橘 CⅢ Prx 家族

本研究共从 *C. sinensis* 的基因组中注释了 72 个 CⅢ Prx，包括 59 个完整基因、3 个不完整的基因和序列中不包含 Prx 基序或包含终止密码子的 10 个假基因（表 10-1）。在 59 个完整序列中，44 个基因被 Phytozome 和 CAP 数据库正确预测，1 个基因注释，而 14 个基因被错误注释，根据染色体定位将 72 个 CsPrxs 命名为 CsPrx01 ～ CsPrx72。然而，包括假基因和部分基因在内的 61 个 CsPrx 基因未检测到任何 EST（表 10-2）。使用 EST 支持和 Fgenesh++ 重新手动注释。因此，尽管新基因组注释质量因组装工具的改进而有所提高，但错误注释率仍然很高（CsPrxs 的错误率为 24%）。

表 10-1　柑橘 CⅢ Prx 家族

| 基因名称 | RedOxiBase 编号 | 状态 | CAP 编号 | 染色体定位（CAP） | 氨基酸数量 | 分子量 /Da | 等电点 | 注释类型 |
|---|---|---|---|---|---|---|---|---|
| *CsPrx01* | 8882 | 完整的 | Cs1g12340 | chr1（15375260—15377129） | 364 | 40215.2 | 4.97 | P, CAP, M, EST |
| *CsPrx02* | 8892 | 完整的 | Cs1g15010 | chr1（18294080—18297330） | 379 | 41666.8 | 5.14 | P, CAP |
| *CsPrx04* | 1379 | 完整的 | Cs1g18600 | chr1（21579525—21581281） | 334 | 37566.8 | 6.67 | P, CAP |
| *CsPrx05* | 8893 | 完整的 | Cs1g19540 | chr1（22819124—22821114） | 327 | 35860.9 | 6.15 | P, CAP, M |
| *CsPrx06* | 8907 | 完整的 | Cs1g19890 | chr1（23056698—23059034） | 327 | 35966.0 | 4.86 | P, CAP |
| *CsPrx07* | 1374 | 完整的 | Cs1g20230 | chr1（23341276—23343370） | 320 | 34606.8 | 10.13 | P, CAP, EST |
| *CsPrx08* | 8916 | 完整的 | Cs1g21860 | chr1（24647426—24649104） | 318 | 34822.6 | 8.47 | P, CAP |
| *CsPrx09* | 8920 | 完整的 | Cs1g22960 | chr1（25630569—25632244） | 311 | 33843.9 | 6.73 | P, CAP |
| *CsPrx10* | 8906 | 完整的 | Cs1g24640 | chr1（26931325—26932865） | 331 | 36221.2 | 8.48 | P, CAP |

续表

| 基因名称 | RedOxi Base 编号 | 状态 | CAP 编号 | 染色体定位（CAP） | 氨基酸数量 | 分子量 /Da | 等电点 | 注释类型 |
|---|---|---|---|---|---|---|---|---|
| *CsPrx11* | 8919 | 完整的 | Cs1g25930 | chr1（28122253—28123729） | 313 | 33487.8 | 8.57 | P，CAP |
| *CsPrx12* | 1386 | 完整的 | Cs2g03110 | chr2（1357786—1360813） | 335 | 37661.4 | 8.38 | P，CAP，M，EST |
| *CsPrx13* | 8865 | 完整的 | Cs2g05220 | chr2（2774101—2776012） | 356 | 38968.1 | 9.12 | P，CAP |
| *CsPrx15* | 1376 | 完整的 | Cs2g09310 | chr2（6628218—6631077） | 324 | 34580.5 | 10.03 | P，CAP，EST |
| *CsPrx16* | 8884 | 完整的 | Cs2g11900 | chr2（8903883—8905174） | 363 | 40431.3 | 5.48 | P，CAP |
| *CsPrx17* | 8862 | 完整的 | Cs2g15180 | chr2（11983109—11991415） | 378 | 41903.7 | 6.24 | P，CAP |
| *CsPrx18* | 8915 | 完整的 | Cs2g15310 | chr2（12078781—12080573） | 320 | 34057.0 | 8.65 | P，CAP，EST |
| *CsPrx19* | 1371 | 完整的 | Cs2g21820 | chr2（18911509—18913930） | 326 | 35627.3 | 8.90 | P，CAP，EST |
| *CsPrx20* | 8908 | 完整的 | Cs2g25450 | chr2（24680776—24682614） | 327 | 35385.4 | 4.73 | P，CAP |
| *CsPrx21* | 8878 | 完整的 | Cs2g28810 | chr2（28386123—28388011） | 328 | 35124.7 | 8.14 | P，CAP，M |
| *CsPrx23* | 8921 | 完整的 | Cs3g02270 | chr3（1890313—1891352） | 323 | 34712.4 | 8.26 | P，CAP，M |
| *CsPrx24* | 8901 | 完整的 | Cs3g20770 | chr3（23748361—23750119） | 339 | 36215.6 | 5.93 | P，CAP， |
| *CsPrx25* | 8898 | 完整的 | Cs3g21730 | chr3（24555950—24559647） | 344 | 37664.3 | 8.39 | P，CAP，EST |

续表

| 基因名称 | RedOxi Base 编号 | 状态 | CAP 编号 | 染色体定位（CAP） | 氨基酸数量 | 分子量 /Da | 等电点 | 注释类型 |
|---|---|---|---|---|---|---|---|---|
| CsPrx26 | 8876 | 完整的 | Cs3g25300 | chr3（26982052—26984393） | 346 | 37429.1 | 7.31 | P，CAP |
| CsPrx27 | 8917 | 完整的 | Cs3g26600 | chr3（27841091—27842702） | 318 | 34004.4 | 9.89 | P，CAP |
| CsPrx28 | 8889 | 完整的 | Cs4g03740 | chr4（2003484—2005803） | 327 | 36267.4 | 9.10 | P，CAP |
| CsPrx29 | 8887 | 完整的 | Cs5g04960 | chr5（2947472—2948792） | 314 | 33808 | 6.66 | P，CAP |
| CsPrx30 | 8870 | 完整的 | Cs5g04960 | chr5（2947472—2948792） | 406 | 43578.1 | 9.21 | P，CAP，M |
| CsPrx31 | 8886 | 完整的 | Cs5g23280 | chr5（26011718—26014332） | 345 | 38336.3 | 8.04 | P，CAP |
| CsPrx32 | 8881 | 完整的 | Cs5g27410 | chr5（29995644—29997202） | 371 | 40631.8 | 9.57 | P，CAP |
| CsPrx33 | 8873 | 完整的 | Cs5g27420 | chr5（29999868—30001459） | 330 | 35973.8 | 5.03 | P，CAP |
| CsPrx34 | 8900 | 完整的 | Cs5g32270 | chr5（33624988—33626835） | 339 | 36972.7 | 7.90 | P，CAP |
| CsPrx35 | 8909 | 完整的 | Cs5g34200 | chr5（35069892—35071889） | 327 | 35738.9 | 6.86 | P，CAP |
| CsPrx36 | 1370 | 完整的 | Cs6g04560 | chr6（5447041—5449145） | 330 | 36840.7 | 7.22 | P，CAP |
| CsPrx37 | 1382 | 完整的 | Cs6g09680 | chr6（11455201—11457667） | 316 | 34303.6 | 8.79 | P，CAP |
| CsPrx38 | 8871 | 完整的 | Cs6g20170 | chr6（19763010—19764403） | 343 | 38574.3 | 6.65 | P，CAP |

续表

| 基因名称 | RedOxi Base 编号 | 状态 | CAP 编号 | 染色体定位（CAP） | 氨基酸数量 | 分子量 /Da | 等电点 | 注释类型 |
|---|---|---|---|---|---|---|---|---|
| *CsPrx39* | 8902 | 完整的 | Cs7g06700 | chr7（3902735—3907712） | 334 | 36007.5 | 5.04 | P，CAP |
| *CsPrx40* | 8869 | 完整的 | Cs7g08070 | chr7（5007331—5008365） | 344 | 37746.0 | 6.88 | P，CAP |
| *CsPrx41* | 8883 | 完整的 | Cs7g12370 | chr7（8287099—8288785） | 338 | 37479.9 | 6.23 | P，CAP |
| *CsPrx42* | 8868 | 完整的 | Cs7g13530 | chr7（9416944—9418925） | 330 | 36412.9 | 9.63 | P，CAP，M |
| *CsPrx43* | 8877 | 完整的 | Cs7g19270 | chr7（15239322—15241136） | 348 | 37700.4 | 7.95 | P，CAP，M |
| *CsPrx44* | 8910 | 完整的 | Cs7g20700 | chr7（17679641—17681335） | 326 | 34985.8 | 8.49 | P，CAP |
| *CsPrx45* | 8866 | 完整的 | Cs9g02030 | chr9（666613—667847） | 324 | 34798.1 | 4.18 | P，CAP，M |
| *CsPrx46* | 8911 | 完整的 | Cs9g05130 | chr9（2995165—2997538） | 324 | 35190.7 | 6.65 | P，CAP |
| *CsPrx47* | 8912 | 完整的 | Cs9g05140 | chr9（3002093—3004078） | 324 | 35526.9 | 7.38 | P，CAP |
| *CsPrx48* | 8914 | 完整的 | Cs9g16590 | chr9（16075315—16076685） | 321 | 35087.8 | 7.69 | P，CAP |
| *CsPrx49* | 8899 | 完整的 | orange 1.1t01747 | chrun（27932180—27933446） | 339 | 36835.3 | 8.30 | P，CAP |
| *CsPrx50* | 8904 | 完整的 | orange 1.1t02033 | chrun（32146097—32148638） | 333 | 35685.0 | 8.15 | P，CAP |
| *CsPrx51* | 8888 | 完整的 | orange 1.1t02038 | chrun（32181455—32185789） | 390 | 41886.8 | 6.93 | P，CAP，M |

续表

| 基因名称 | RedOxiBase 编号 | 状态 | CAP 编号 | 染色体定位（CAP） | 氨基酸数量 | 分子量 /Da | 等电点 | 注释类型 |
|---|---|---|---|---|---|---|---|---|
| *CsPrx52* | 8894 | 完整的 | orange 1.1t02040 | chrun（32206807—32209717） | 351 | 37925.0 | 6.50 | P，CAP |
| *CsPrx53* | 1378 | 完整的 | orange 1.1t02041 | chrun（32211083—32214193） | 349 | 37777.2 | 8.39 | P，CAP，EST |
| *CsPrx54* | 8896 | 完整的 | orange 1.1t02043 | chrun（32239166—32241922） | 350 | 37949.2 | 6.74 | P，CAP，EST |
| *CsPrx55* | 8890 | 完整的 | orange 1.1t02044 | chrun（32247294—32250519） | 322 | 35151.0 | 8.94 | P，CAP，M |
| *CsPrx56* | 1380 | 完整的 | orange 1.1t02045 | chrun（32251697—32254588） | 350 | 37834.2 | 8.58 | P，CAP，M |
| *CsPrx57* | 1373 | 完整的 | orange 1.1t02046 | chrun（32259351—32262331） | 351 | 37410.3 | 4.31 | P，CAP，EST |
| *CsPrx58* | 8872 | 完整的 | orange 1.1t02059 | chrun（32353877—32356241） | 329 | 35305.5 | 5.35 | P，CAP，M，EST |
| *CsPrx59* | 8903 | 完整的 | orange 1.1t02225 | chrun（33909775—33911145） | 333 | 34956.2 | 5.22 | P，CAP |
| *CsPrx60* | 8863 | 完整的 | orange 1.1t03236 | chrun（49914368—49915960） | 361 | 39826.7 | 9.42 | P，CAP |
| *CsPrx61* | 14617 | 完整的 | N/A | chrun（70344323—70345610） | 350 | 37880.0 | 6.13 | M |
| *CsPrx62* | 1372 | 完整的 | N/A | N/A | 350 | 37800.0 | 7.68 | P，EST |
| *CsPrx03* | 8864 | 不完整的 | Cs1g15180 | chr1（18408969—18412032） | N/A | N/A | N/A | P，CAP |
| *CsPrx14* | 8867 | 不完整的 | Cs2g09200 | chr2（6426151—643440） | N/A | N/A | N/A | P，CAP |
| *CsPrx [P]22* | 10046 | 假基因 | Cs3g02160 | chr3（1729215—1730688） | N/A | N/A | N/A | CAP |

续表

| 基因名称 | RedOxi Base 编号 | 状态 | CAP 编号 | 染色体定位（CAP） | 氨基酸数量 | 分子量 /Da | 等电点 | 注释类型 |
|---|---|---|---|---|---|---|---|---|
| *CsPrx63* | 8879 | 不完整的 | N/A | N/A | N/A | N/A | N/A | P |
| *CsPrx [P]64* | 8875 | 假基因 | N/A | N/A | N/A | N/A | N/A | P |
| *CsPrx [P]65* | 8922 | 假基因 | N/A | N/A | N/A | N/A | N/A | P |
| *CsPrx [P]66* | 8923 | 假基因 | N/A | N/A | N/A | N/A | N/A | P |
| *CsPrx [P]67* | 8924 | 假基因 | N/A | N/A | N/A | N/A | N/A | P |
| *CsPrx [P]68* | 8925 | 假基因 | N/A | N/A | N/A | N/A | N/A | P |
| *CsPrx [P]69* | 8926 | 假基因 | N/A | N/A | N/A | N/A | N/A | P |
| *CsPrx [P]70* | 8927 | 假基因 | N/A | N/A | N/A | N/A | N/A | P |
| *CsPrx [P]71* | 8928 | 假基因 | N/A | N/A | N/A | N/A | N/A | P |
| *CsPrx [P]72* | 10045 | 假基因 | N/A | N/A | N/A | N/A | N/A | P |

注：注释类型：P，Phytozome 自动注释；CAP，CAP 数据库自动注释；M，手动注释过程；EST，可以检测到 EST。N/A：无可用数据。这些 CsPrx 记录包含在 RedOxiBase 中。

表 10-2　柑橘 CⅢ Prx 家族的 EST 信息

| 基因名称 | EST 数目 | 相似度 | EST 编号 |
|---|---|---|---|
| *CsPrx07* | 5 | 95% | EY661510.1 |
| | | 95% | EY705345.1 |
| | | 99% | CK665741.1 |
| | | 96% | EY695464.1 |
| | | 100% | EY687037.1 |
| *CsPrx12* | 4 | 97% | EY652384.1 |
| | | 95% | EY664184.1 |
| | | 95% | EY662283.1 |
| | | 98% | EY757113.1 |

续表

| 基因名称 | EST 数目 | 相似度 | EST 编号 |
|---|---|---|---|
| *CsPrx15* | 1 | 95% | CK665074.1 |
| *CsPrx18* | 1 | 99% | EY688482.1 |
| *CsPrx19* | 1 | 95% | CF653467.1 |
| *CsPrx25* | 4 | 98% | CV884383.1 |
| | | 95% | EY685255.1 |
| | | 97% | EY723925.1 |
| | | 95% | CX050376.1 |
| *CsPrx53* | 1 | 98% | CF505677.1 |
| *CsPrx54* | 1 | 97% | EY688684.1 |
| *CsPrx57* | 2 | 100% | CF507915.1 |
| | | 100% | CF417739.1 |
| *CsPrx59* | 1 | 99% | CF417318.1 |
| *CsPrx62* | 1 | 100% | CF507277.1 |

# 第二节　柑橘 CⅢ Prx 家族的生物信息学分析

## 一、柑橘 CⅢ Prx 家族的系统发育分析

为研究 CⅢ Prx 家族在甜橙、拟南芥和杨树中的进化关系，采用最大似然（ML）方法构建了甜橙、拟南芥和杨树的 CⅢ Prx 系统发育树。通过系统发育分析，将来自三种生物的 CⅢ Prx 分为 22 个亚科（图 10-1），命名为进化枝 1～22（C1 至 C22）。从系统发育树中，我们发现了物种特定的进化枝，例如 C19，一个非拟南芥进化枝；和 C22，一个非柑橘进化枝。在共同进化枝中，三种生物的 CⅢ Prx 的代表性并不相同。例如，C3 包含 17 个 PtPrx，但只有 5 个 CsPrx 和 5 个 AtPrx。这说明了一个假设，即在杨树分化后发生了 CⅢ Prx 基因的快速复制，使得杨树中的 CⅢ Prx 家族发生了爆发。

## 二、柑橘 CⅢ Prx 家族的基因结构和保守基序

使用 Mega 构建 CsPrx 的 ML 系统发育树。根据系统发育分析，CsPrx 进一步分为 9 个亚科（Ⅰ～Ⅸ）［图 10-2（a）］。亚家族Ⅱ是最大的群体，有 14 个 CⅢ Prx 成员。相反，亚家族Ⅳ、Ⅵ和Ⅶ的成员较少（分别为 1、3 和 3）［图 10-2（b）］。然后，在 CsPrx 基因中进行外显子 - 内含子分析，结果表明 CsPrx30、CsPrx38、CsPrx40 和 CsPrx61 中没有内含子。在其他基因中，

内含子数从 1 到 4 不等［图 10-2（c）］。此外，内含子和外显子的数量在密切相关的基因之间都非常保守，例如，密切相关的 CsPrx30、CsPrx38 和 CsPrx40 均不含内含子，这一结果与之前报道的玉米 CⅢ Prx 基因和水稻 CⅢ Prx 基因（Passardi, et al., 2004）的结果相悖。对 CsPrxs 进行保守基序分析以了解其功能区域，在 59 个完整的 CsPrx 中总共检测到 15 个具有 6 ～ 20 个残基的保守基序［图 10-2（d）和图 10-2（e）］。基序的组成和排列与系统发育树非常吻合［图 10-2（a）和图 10-2（d）］。除了基序 10（69%）、基序 12（66%）和基序 15（76%）外，59 个 CsPrx 中的基序分布均高于 90%［图 10-2（f）］，其中基序 2、基序 3、基序 4 和基序 13 分布在每个 CsPrx 中，表明这 4 个基序对于 CⅢ Prx 作为过氧化物酶执行基本功能是必不可少的。

图 10-1 CⅢ Prx 家族的系统发育

来自甜橙（红点）、拟南芥（蓝色）和杨树（绿色）的所有完整 CⅢ Prx 用于 ML 法进化树分析

（扫封底或勒口处二维码看彩图）

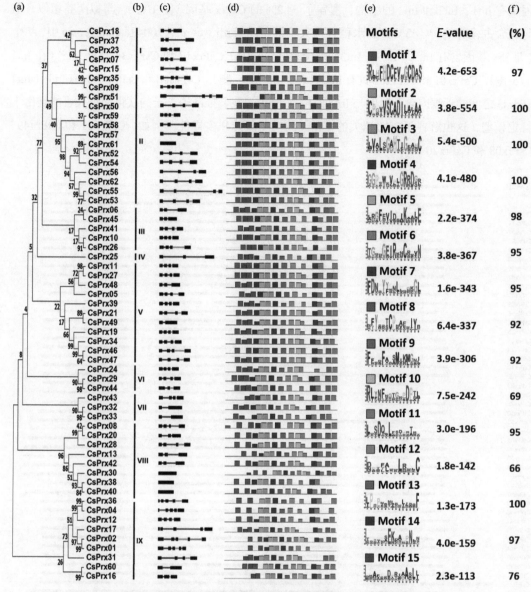

图 10-2　CsPrx 的系统发育、保守基序和外显子 - 内含子结构

（a）CsPrx 的无根邻居连接系统发育树，引导程序写在树枝上；（b）CsPrx 的分支；（c）CsPrx 的外显子 - 内含子组织，外显子和内含子分别用黑框和彩色线表示；（d）CsPrxs 中基序的分布；（e）从 CsPrx 检测到的图案的 Weblogo 可视化和每个基序的 $E$ 值；（f）CsPrx 中基序的分布，该比率表示包含特定基序的 Prx 的百分比

（扫封底或勒口处二维码看彩图）

使用 CIWOG 和 GECA 进一步分析了 CsPrx 基因的外显子 - 内含子结构（图 10-3 和图 10-4）。在以往的研究中，大多数 CⅢ Prx 基因含有典型的 3 个内含子，被认为是在高度保守区域检测到的经典内含子（IntC），一些 CⅢ Prx 基因含有稀有内含子（IntR）（Mathé, et al., 2010）。在 59 个完整的 CsPrx 基因中，34 个基因含有 3 个内含子，12 个基因含有 2 个内含子，5 个基因含有 4 个内含子，4 个基因仅含有 1 个内含子，4 个基因不含内含子；32 个基

因具有 Int1、Int2 和 Int3 的结构，覆盖了 54.2% 的 CsPrx 基因（图 10-5），与拟南芥相似，但与包含占优势结构（43%）的水稻有很大不同（Passardi, *et al.*, 2004）。*C. sinensis* 中，7 个 CⅢ Prx 基因含有 IntR（Int5′、Int3′、IntP）：CsPrx04、CsPrx17 和 CsPrx36 具有 Int5′（在 Int1 的 5′侧），CsPrx01 和 CsPrx02 具有 Int3′（在 3′Int3 的一侧），CsPrx08 和 CsPrx55 具有 IntP（Int1 和 Int3 之间的近端内含子，但与 Int2 的位置不同）。我们推断内含子的获得和损失可能是由于特定模型，这也解释了密切相关的 CsPrx 的功能差异和多样性，例如，CsPrx21 和 CsPrx49、CsPrx08 和 CsPrx20。

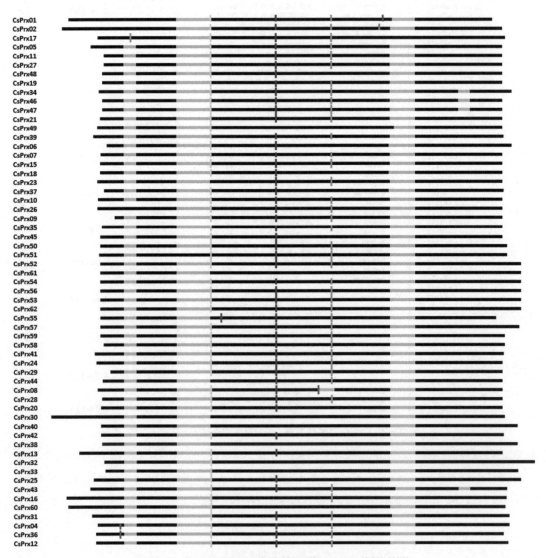

图 10-3　使用 CIWOG 分析完整序列的 CsPrx 的基因结构

黑线代表外显子，由代表内含子的彩色垂直线分裂。

不同基因中的相同内含子用相同的颜色和位置标记。灰线代表间隙

（扫封底或勒口处二维码看彩图）

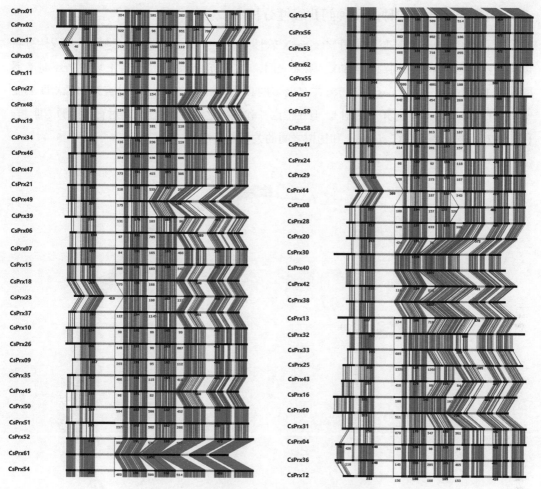

**图 10-4　使用 GECA 对 CsPrx 进行基因结构分析**

常见的内含子以相同的颜色显示。外显子用黑色方块和灰色缺口表示

（扫封底或勒口处二维码看彩图）

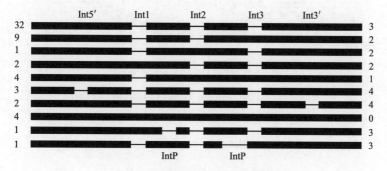

**图 10-5　柑橘 CⅢ Prx 的结构模式**

黑框代表外显子，而线条代表内含子。每个外显子 - 内含子模式的基因编号列在左边，

而每个结构模式的内含子编号写在右边。内含子类型写在顶部和底部

（扫封底或勒口处二维码看彩图）

## 三、柑橘 CⅢ Prx 的种内和种间共线性分析

为了解 CⅢ Prx 的演变，使用 MCScanX 软件（Wang, *et al.*, 2013）进行了共线性分析以识别直系同源和旁系同源 CⅢ Prx。结果表明，在 *C. sinensis* 中，18 对重复的 Prxs 是旁系同源物（图 10-6）。*C. sinensis* 和杨树共有最多的直系同源对，多达 34 对直系同源 CⅢ Prx，其次是 *C. sinensis* 和拟南芥（28 对）。但在拟南芥和杨树之间仅鉴定了 23 对直系同源 CⅢ Prx（图 10-7）。该结果表明 *C. sinensis* 和杨树之间的关系更密切。

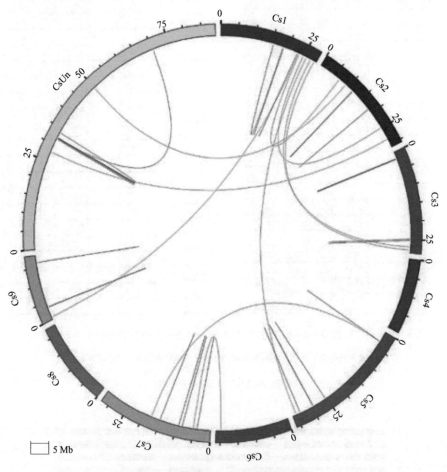

图 10-6 柑橘 CⅢ Prx 家族的共线性

红线：同一染色体上的基因；绿线：不同染色体上的基因；

蓝线：彼此接近的基因。Cs1 ～ 9, CsUn：甜橙染色体

（扫封底或勒口处二维码看彩图）

## 四、柑橘 CⅢ Prx 家族的染色体定位

使用 MapChart 对 CsPrx 基因的染色体定位进行图形可视化。在我们的研究中，CsPrx 在 *C. sinensis* 基因组中的位置分布在除 8 号染色体之外的 9 条染色体中（图 10-8）（Xu, *et al.*，2013）。除染色体 Un（未组装支架）外，位于 1 号染色体的 CsPrx 数量最多（11 个），其次是 2 号染色体（10 个）和 5 号染色体（7 个）。相比之下，4 号染色体上只有一个 CsPrx。CsPrx 分布的密度也有所不同，1 号染色体的 CsPrx 基因密度最高（0.38/Mb），其次是 2 号染色体（0.32/Mb）。此外，CsPrx 基因的分布并不均匀，在染色体的某些区域发现了较高密度的 CsPrxs，如 1 号染色体底部、3 号染色体、5 号染色体和 2 号染色体顶部。这种不均匀分布使得 CsPrxs 在一些染色体上成为"热点"（图 10-8）。为了进一步了解 CsPrx 基因是如何进化的，在 *C. sinensis* 中研究了基因重复事件。研究发现了 18 对重复排列，其中有 3 对片段复制（SD）、4 对串联复制（TD）和 11 对全基因组复制（WGD）（图 10-8）。这些结果有力地表明 WGD 对甜橙 CⅢ Prx 家族的扩大做出了主要贡献。在以往对梨 CⅢ Prx 的研究中，主要贡献者是串联复制和片段复制（Cao，*et al.*，2016）。

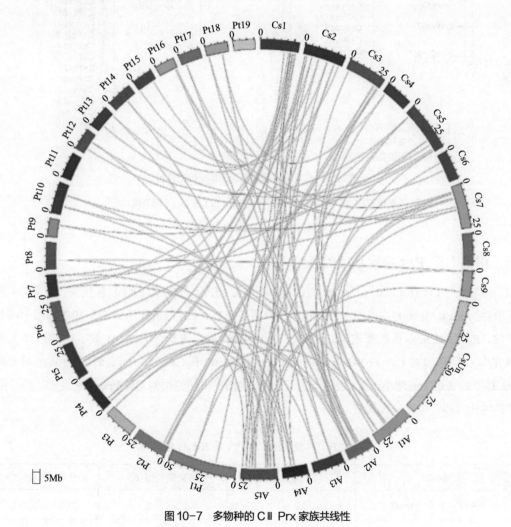

图 10-7　多物种的 CⅢ Prx 家族共线性

Cs1 ～ 9，CsUn：甜橙染色体；At1 ～ 5：拟南芥染色体；Pt1 ～ 19：杨树染色体

（扫封底或勒口处二维码看彩图）

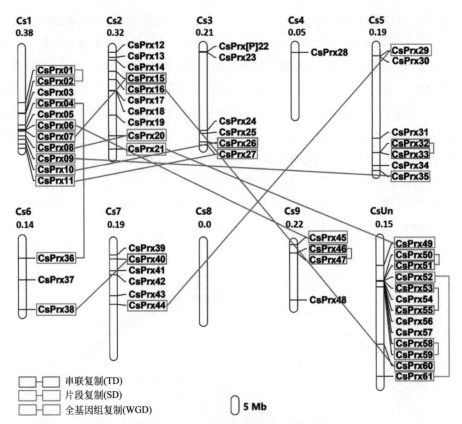

图 10-8　CⅢ Prx 家族的染色体定位和复制

CⅢ Prx 基因的密度（每 Mb 含有的 CⅢ Prx 数）标在每个图表的上方

（扫封底或勒口处二维码看彩图）

## 五、柑橘 CⅢ Prx 家族基因的强纯化选择

用 DNAsp 计算（Rozas, et al., 2017）非同义（Ka）和同义（Ks）替代率。计算 18 个基因对的 Ka/Ks 比率并在点图中可视化，以分析 CⅢ Prx 家族的选择压力（表 10-3 和图 10-9）。通常，Ka/Ks<1 表示负选择或纯化选择，Ka/Ks>1 表示正选择，Ka/Ks=1 表示中性选择。本研究中，除基因对 CsPrx10-CsPrx26、CsPrx16-CsPrx60 和 CsPrx50-CsPrx51 外，其他对 CⅢ Prx 基因的 Ka/Ks 值均小于 1（表 10-3）。因此，我们提出甜橙中的 CⅢ Prx 家族主要经历了强烈的纯化过程，进化速度缓慢。

表 10-3　复制的 CⅢ Prx 的 Ka/Ks 值

| 基因对 | 非同义突变（Ka） | 同义突变（Ks） | 进化率（Ka/Ks） |
| --- | --- | --- | --- |
| CsPrx01-CsPrx02 | 0.2779 | 0.4195 | 0.662455304 |
| CsPrx04-CsPrx36 | 0.1226 | 0.891 | 0.137598204 |
| CsPrx06-CsPrx45 | 0.4849 | 1.9109 | 0.253754775 |

续表

| 基因对 | 非同义突变（Ka） | 同义突变（Ks） | 进化率（Ka/Ks） |
|---|---|---|---|
| CsPrx07-CsPrx15 | 0.3206 | 2.6224 | 0.122254423 |
| CsPrx08-CsPrx20 | 0.357 | 3.4038 | 0.104882778 |
| CsPrx09-CsPrx35 | 0.2517 | 2.3752 | 0.105970024 |
| CsPrx10-CsPrx26 | 0.556 | 0.3609 | 1.540592962 |
| CsPrx11-CsPrx27 | 0.1895 | 2.6784 | 0.070751195 |
| CsPrx16-CsPrx60 | 0.5864 | 0.3982 | 1.472626821 |
| CsPrx21-CsPrx49 | 0.6062 | 0.6999 | 0.866123732 |
| CsPrx29-CsPrx44 | 0.2723 | 3.9044 | 0.06974183 |
| CsPrx32-CsPrx33 | 0.328 | 0.7633 | 0.429713088 |
| CsPrx38-CsPrx40 | 0.3806 | 1.3315 | 0.285843034 |
| CsPrx46-CsPrx47 | 0.1242 | 0.1911 | 0.649921507 |
| CsPrx52-CsPrx61 | 0.0151 | 0.0283 | 0.533568905 |
| CsPrx53-CsPrx55 | 0.0486 | 0.0756 | 0.642857143 |
| CsPrx58-CsPrx59 | 0.2789 | 2.3583 | 0.118263156 |
| CsPrx50-CsPrx51 | 0.1528 | 0.1476 | 1.035230352 |

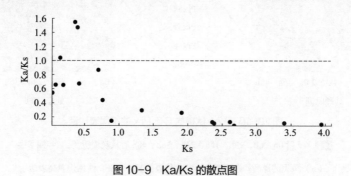

图 10-9　Ka/Ks 的散点图

# 第三节　柑橘 CⅢ Prx 家族的表达分析

## 一、*Xcc* 诱导柑橘 CⅢ Prx 的表达

为了进一步探索 CsPrx 在甜橙中的功能，研究了 CsPrxs 在生物胁迫诱导过程中的表达。柑橘溃疡病极大地限制了商业活动，尤其是新鲜水果的出口（Schaad, *et al.*, 2005）。在植物遗传育种中，潜在的柑橘溃疡病相关基因应该是该育种过程中产生转基因柑橘品种的关键

因素。为了找出 CsPrx 和溃疡病之间的关系，通过 qRT-PCR 检测 CsPrxs 在接种 *Xcc* 0h、6h、12h、24h、36h 和 48h（hpt）后在溃疡敏感晚锦橙和抗溃疡植物四季橘中的表达。12 个完整的 CsPrx（CsPrx01、CsPrx07、CsPrx12、CsPrx15、CsPrx18、CsPrx19、CsPrx25、CsPrx53、CsPrx54、CsPrx57、CsPrx58 和 CsPrx62）可找到 EST 证据。这 12 个 CsPrx 在 *Xcc* 感染的同一过程中表现出多种表达谱（图 10-10）。在晚锦橙，2 个 CsPrxs（CsPrx01 和 CsPrx15）呈现上升趋势，在 48h 达到最高转录水平，而在四季橘中，CsPrx01 在 *Xcc* 感染期间没有显著差异，CsPrx15 在 6h 时表现出最高水平，其他时间点之间没有差异。这两个 CsPrx 基因可能是 *Xcc* 的易感基因。CsPrx07、CsPrx25 和 CsPrx54 在晚锦橙呈现相对稳定的水平或下降趋势，而在四季橘呈现上升趋势。这两个物种中的不同表达暗示这 3 个基因对 *Xcc* 有抗性的可能性，其余 7 个基因在两个物种中表现出相似的趋势。通过 CsPrx 的 *Xcc* 检测可以深入了解一些 CsPrx 在 *Xcc* 感染过程中的重要作用，这些基因可能是分子育种的潜在候选基因。

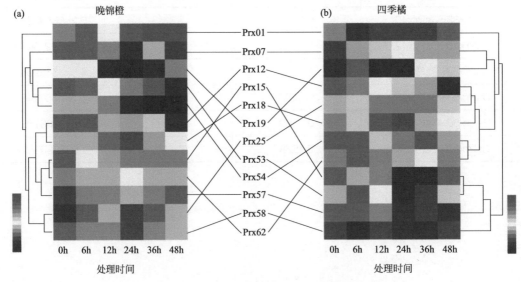

图 10-10 *Xcc* 诱导的 CⅢ Prx 的不同表达谱

接种 *Xcc* 后 0h、6h、12h、18h、24h、36h、48h 后从晚锦橙（a）和四季橘

（b）采集的样品。在热图中，蓝色代表低表达水平，红色代表高表达

（扫封底或勒口处二维码看彩图）

## 二、激素诱导柑橘 CⅢ Prx 的表达

水杨酸（salicylic acid，SA）和甲酯茉莉酸（methyl jasmonate，MeJA）是对病原菌应激反应信号转导通路的重要组分。为了探索柑橘溃疡相关 CsPrx 对 SA 和 MeJA 的响应，本研究通过 qRT-PCR 进行了外源激素对 CsPrxs 的诱导表达分析。该测定显示了五个基因的不同表达谱。例如，在 SA 诱导下，晚锦橙的 CsPrx01、CsPrx07 和 CsPrx15 的表达上调，而 CsPrx25 的表达下调；在四季橘中，CsPrx07 和 CsPrx25 的表达上调；CsPrx54 在晚锦橙和四季橘中均不受 SA 诱导（图 10-11）。对于 MeJA 诱导，晚锦橙 CsPrx01 呈下降趋势，而

CsPrx15 呈上升趋势，其他三个基因在诱导过程中表现出表达波动；在四季橘中，诱导的早期阶段，CsPrx07、CsPrx15、CsPrx25 和 CsPrx54 被 MeJA 诱导，表达上调（图 10-12）。

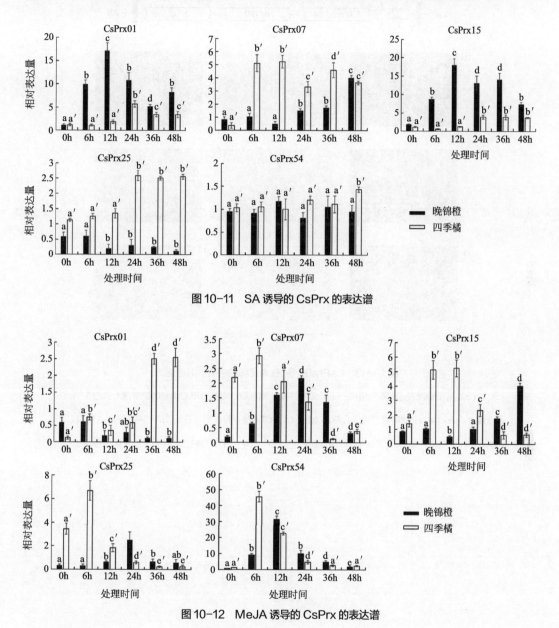

图 10-11　SA 诱导的 CsPrx 的表达谱

图 10-12　MeJA 诱导的 CsPrx 的表达谱

## 三、两个柑橘 CⅢ Prx 的亚细胞定位分析

为了确定 CsPrx（CsPrx07 和 CsPrx54）的亚细胞定位，我们使用了软件预测和瞬时表达系统进行分析。CsPrx07 和 CsPrx54 可以使用 SignalP 检测到 N 端的信号肽，预测这两个蛋白质为分泌蛋白。为了验证预测，本研究中构建了 CⅢ Prx 和绿色荧光蛋白（GFP）的瞬时表达载体 [图 10-13（a）]。重组 CsPrx07/54-GFP 融合蛋白在洋葱的表皮细胞中显示出质外体定位的瞬时表达 [图 10-13（b）和图 10-13（c）]。而 GFP 对照在细胞质和细胞核均显示 GFP

表达［图 10-13（d）］。这些结果表明 CsPrx07 和 CsPrx54 是定位于质外体的蛋白质。

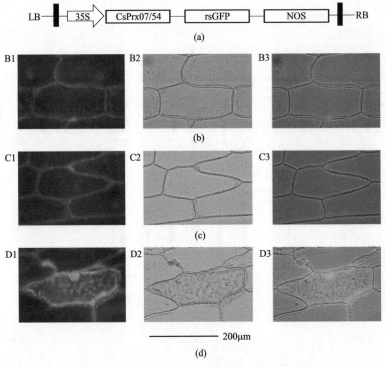

图 10-13 　CsPrx07/54 在洋葱细胞中的瞬时表达

（a）用于瞬时表达的质粒结构；（b）（B1，B2）暗视野、明视野下 CsPrx07-GFP 融合蛋白，

（B3）CsPrx07-GFP 明暗视野图像合并；（c）（C1，C2）暗视野、明视野下 CsPrx54-GFP 融合蛋白，

（C3）CsPrx54-GFP 明暗视野图像合并；（d）（D1）明视野下的 GFP，（D2）暗视野下的 GFP，（D3）GFP 的合并图像

# 第十一章

# Cat 家族与植物抗病相关性

过氧化氢酶是维持 $H_2O_2$ 平衡、参与氧化还原反应和离子结合等过程的一个重要的酶（Scott, *et al.*, 1999），可通过降解 $H_2O_2$，维持活性氧各成分的平衡，在植物应对生物和非生物胁迫过程中发挥重要作用。本章通过对 CsCat01 进行全面的生物信息学分析、植物生物胁迫相关激素和柑橘溃疡病菌诱导表达分析以及溃疡病菌诱导下的 CAT 酶活性和 $H_2O_2$ 含量相关性分析，初步判断 CsCat01 与柑橘抗溃疡病发生的相关性，为抗溃疡病分子育种提供参考。

## 第一节　CsCat01 克隆与生物信息学分析

### 一、CsCat01 编码序列和启动子克隆

从溃疡病易感品种晚锦橙和抗病品种四季橘的 cDNA 中通过 PCR 扩增得到 CsCat01 的编码序列。将两个品种测序成功的 CsCat01 的 CDS 序列进行序列比对，发现晚锦橙和四季橘中 CsCat01 编码序列完全一致，长度均为 1482bp。从这两个品种基因组 DNA 中扩增 CsCat01 的启动子序列并进一步将启动子序列进行比对发现晚锦橙和四季橘中 CsCat01 启动子序列长度分别为 1624bp 和 1639bp，序列也有部分差异，存在碱基插入、缺失和突变现象。

### 二、CsCat01 生物信息学分析

我们对 CsCat01 及其编码基因进行了全面的生物信息学分析，以期对其结构和功能有一个更加全面的认识。序列比对表明，CsCat01 基因位于甜橙的 3 号染色体 [图 11-1（a）]，基因全长 7445bp [图 11-1（b）]，其开放阅读框由 8 个外显子组成，序列总长度为 1482 bp，与

本研究 PCR 扩增产物长度和序列均一致 [图 11-1（c）]，可编码 493 个氨基酸 [图 11-1（d）]；CsCat01 编码蛋白的理论分子量（molecular weight，Mw）为 5.70kD，等电点（isoelectric point，pI）为 6.64，为弱酸性蛋白；氨基酸组成分析发现其含有 62 个带负电荷的氨基酸残基和 58 个带正电荷的氨基酸残基；蛋白质的不稳定指数（instability index，II）为 40.19，脂肪族指数（aliphatic index，AI）为 72.35；蛋白质的总平均疏水性（grand average of hydropathicity，GRAVY）为 –0.535，预测为亲水性蛋白；利用 SignalP 分析表明 Cs-Cat01 不含信号肽序列；TMHMM 软件预测发现，该蛋白质无跨膜结构域，为非跨膜蛋白；Wolf Psort 预测表明，其亚细胞定位于过氧化物酶体（peroxisomal）的可能性最大；Pfam 软件预测 CsCat01 蛋白功能域，发现在 18 ～ 402 号氨基酸为典型的过氧化氢酶功能结构域，表明该蛋白质为过氧化氢酶 [图 11-1（d）]。该蛋白质的二级结构元件最多的为无规卷曲（含 261 个氨基酸），占氨基酸总数的 52.94%；α 螺旋（含 131 个氨基酸）占 26.57%；延伸链（含 72 个氨基酸）占 14.60%；β 转角含量最少（含 29 个氨基酸），占氨基酸总数的 5.88% [图 11-1（e），图 11-2]。

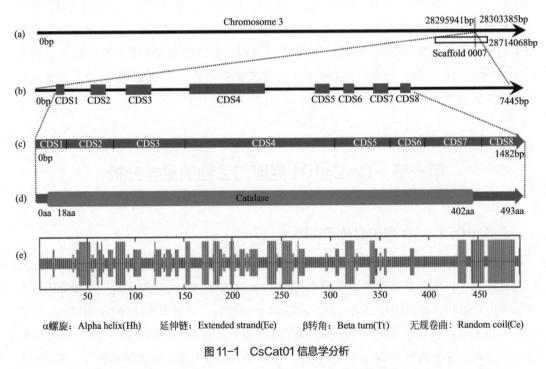

图 11-1　CsCat01 信息学分析

（a）CsCat01 的染色体定位；（b），（c）CsCat01 基因结构；（d）CsCat01 功能域；（e）CsCat01 二级结构

## 三、CsCat01 系统发育分析

从 RedOxiBase 数据库中获取多个物种的 CAT 蛋白质序列，如桉树（*Eucalyptus globulus*：EglCat01）、葡萄（*Vitis vinifera*：VvCat01）、烟草（*Nicotiana tabacum*：NtCat03）、杨树

（*Populus trichocarpa*：PtCat02）、拟南芥（*Arabidopsis thaliana*：AtCat02）的蛋白质序列并进行序列比对。结果表明，甜橙的 CsCat01 与多个植物中的 CAT 序列相似性较高，桉树、葡萄、烟草、杨树、拟南芥与柑橘 CsCat01 的蛋白质相似性分别为 77.56%、81.05%、77.86%、78.71% 和 75.59%（图 11-2），CAT 结构域的相似度更高，进一步确定 CsCat01 蛋白质的 CAT 身份。构建上述多个序列的系统发育树（Neighbor-Joining tree，NJ Tree），发现柑橘 CsCat01 与桉树 EglCat01 和葡萄 VvCat01 的亲缘关系较近，与烟草 NtCat03、杨树 PtCat02 的亲缘关系较远（图 11-3）。

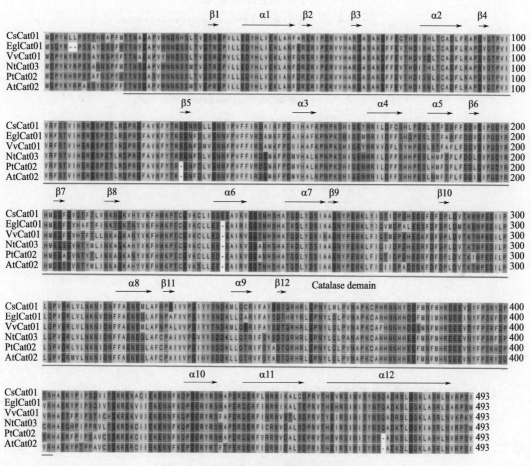

**图 11-2 多个物种过氧化氢酶蛋白序列比对**

Cs：甜橙（*Citrus sinensis*）；Egl：桉树（*Eucalyptus globulus*）；Vv：葡萄（*Vitis vinifera*）；

Nt：烟草（*Nicotiana tabacum*）；Pt：杨树（*Populus trichocarpa*）；At：拟南芥（*Arabidopsis thaliana*）。

以上序列来自 RedOxiBase 数据库；比对采用蛋白质的全长序列进行。

α1 ～ 12：Alpha 螺旋；β1 ～ 12：β 转角。红线部分表示 CAT 结构域

（扫封底或勒口处二维码看彩图）

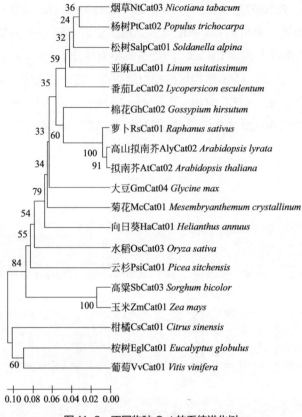

图11-3　不同物种 Cat 的系统进化树

（扫封底或勒口处二维码看彩图）

# 第二节　CsCat01 的表达分析

## 一、CsCat01 受植物激素的诱导表达分析

为了分析 CsCat01 与生物胁迫的相关性，对该酶受某些生物胁迫信号途径相关的植物激素诱导表达模式进行了研究。用不同激素处理晚锦橙和四季橘叶片后用 qRT-PCR 检测 CsCat01 在不同时间点（0h、6h、12h、24h、36h 和 48h）的相对表达量（图 11-4）。以水杨酸诱导时，CsCat01 的相对表达量在晚锦橙中呈上升趋势，于 36h 达到最高水平，之后又下降；而在四季橘中 CsCat01 的相对表达趋势与晚锦橙基本类似 ［图 11-4（a）］。两个品种该基因的启动子中均只含一个水杨酸诱导元件，这可能是两个物种中该蛋白质表达趋势相似的原因。茉莉酸诱导 CsCat01 表达情况在晚锦橙和四季橘中明显不同 ［图 11-4（b）］，晚锦橙中 CsCat01 表达在不同时间点都处于低表达水平，而四季橘中 CsCat01 表达水平持续高于晚锦橙，其在 12h 前呈显著上升趋势，之后虽有下降但仍高于晚锦橙中 CsCat01 的表达量。结合启动子元件，这种差异可能与茉莉酸响应元件的数量有关。脱落酸（abscisic acid，ABA）诱

导发现晚锦橙的 CsCat01 表达呈先升后降趋势，48h 其表达量急剧增加，达到最高，而四季橘中 CsCat01 表达持续处于低位，响应脱落酸诱导不明显 [图 11-4（c）]。两品种中的差异表达可能与启动子中脱落酸响应元件的数目不同相关。总体来看，CsCat01 在不同柑橘品种中响应不同激素诱导表达情况不同，这些激素可通过调控抗病相关基因参与植物抗病过程，从而推测 CsCat01 可能通过响应激素诱导参与植物抵抗生物胁迫的过程。

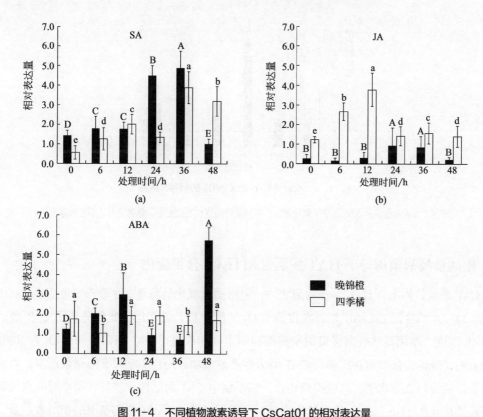

图 11-4　不同植物激素诱导下 CsCat01 的相对表达量

（a）SA 诱导 CsCat01 的相对表达量；（b）JA 诱导 CsCat01 的相对表达量；（c）ABA 诱导 CsCat01 的相对表达量。

不同字母表示在 $P < 0.05$ 水平下差异显著。不同品种间差异互相独立，分别用大、小写字母表示

## 二、CsCat01 受柑橘溃疡病菌侵染的诱导表达分析

为了分析 CsCat01 与柑橘溃疡病发生的相关性，我们对该酶受柑橘溃疡病菌侵染的诱导表达模式进行了研究。以溃疡病菌注射晚锦橙和四季橘叶片下表皮后不同时间点取样，并用 qRT-PCR 检测 CsCat01 的相对表达量。发现柑橘 CsCat01 在 6 个时间点（0h、6h、12h、24h、36h 和 48h）表达水平存在显著性差异（图 11-5）。其中感病品种晚锦橙在接种溃疡病菌后 CsCat01 的表达呈上升趋势，在 12h 相对表达量达到最高，之后 CsCat01 的相对表达量有所下降但仍维持在较高表达水平；抗病品种四季橘在接种溃疡病菌后表达水平下降并持续维持在较低水平。抗 / 感两个品种比较发现两个品种 CsCat01 诱导表达谱总体呈相反趋势，并且溃疡病菌接种后各个时期晚锦橙中 CsCat01 的相对表达量总体高于四季橘中该酶的相对表达量。上述结果表明，CsCat01 与溃疡病菌的侵染具有密切的关系，初步推测 CsCat01 参与柑

橘抗溃疡病过程。结合两个品种的抗 / 感病差异，我们推测 CsCat01 的高表达可能使柑橘相对更感病。

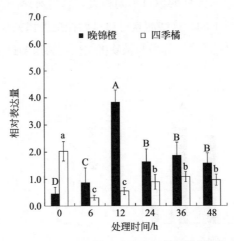

图 11-5 *Xcc* 诱导下 CsCat01 的相对表达量

不同字母表示在 $P < 0.05$ 水平下差异显著。不同品种间差异互相独立，分别用大、小写字母表示

## 三、柑橘溃疡病菌诱导下 CAT 酶活性和 $H_2O_2$ 含量变化

CAT 是植物体维持 $H_2O_2$ 平衡的酶之一，但柑橘过氧化氢酶是一个家族（包括 CsCat01 和 CsCat02），为了验证 CsCat01 是否在柑橘 $H_2O_2$ 平衡中起关键作用，我们分析了 CAT 酶活性和 $H_2O_2$ 浓度。使用溃疡病菌侵染的晚锦橙和四季橘叶片进行 CAT 酶活性和 $H_2O_2$ 含量测定。结果表明，晚锦橙接种溃疡病菌后 CAT 酶活性逐渐增加，而在 24h 时下降至最低点，之后又上升且持续维持在高水平。同晚锦橙相比，四季橘中 CAT 酶活性在诱导后每个时间点均明显低于晚锦橙［图 11-6（a）］。结合溃疡病菌诱导不同时期 CsCat01 编码基因的相对表达量，我们发现 CsCat01 的相对表达量与 CAT 酶活性呈一定规律性，也就是说 CsCat01 可能是影响 CAT 酶活性的关键蛋白质。

我们进一步分析了 CAT 酶活性与 $H_2O_2$ 含量的关系。结果显示，在晚锦橙接种溃疡病菌后 $H_2O_2$ 含量逐渐下降，而在 24h 时急剧上升至最高点，之后又下降维持于低水平。而四季橘中 $H_2O_2$ 含量总体呈先降后升的趋势，与晚锦橙几乎相反［图 11-6（b）］。结合 CAT 酶活性与 $H_2O_2$ 含量检测结果，我们最终得出结论，CAT 酶活性和 $H_2O_2$ 含量呈负相关，结果验证了 CAT 的主要功能，即分解 $H_2O_2$ 从而减少 $H_2O_2$ 含量。

## 四、CsCat01 调控柑橘对溃疡病抗性的模型

综合以上分析，我们验证了 CsCat01 表达量、CAT 酶活性和 $H_2O_2$ 含量三者之间的关系，构建了 CsCat01 调控柑橘对溃疡病抗性的模型（图 11-7），即 CsCat01 的表达决定了 Cat 酶活性，而 CAT 酶活性进一步负调控了 $H_2O_2$ 含量，$H_2O_2$ 含量赋予不同品种对柑橘溃疡病的不同抗性，也就是说相对低的 CAT 酶活性和高水平的 $H_2O_2$ 含量赋予四季橘更高的溃疡病抗性，

与之相反，相对高的 CAT 酶活性和低水平的 $H_2O_2$ 含量赋予晚锦橙更高的溃疡病敏感性。所以，CsCat01 可作为柑橘抗溃疡病过程中具有一定潜力的候选基因，本研究为该基因调控柑橘溃疡病抗性中的功能和机理研究提供参考。

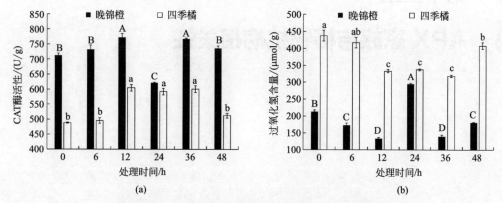

图 11-6 *Xcc* 诱导下 CsCat01 酶活性和 $H_2O_2$ 含量变化

（a）*Xcc* 诱导下 CAT 酶活性变化；（b）*Xcc* 诱导下 $H_2O_2$ 含量变化

图 11-7 CsCat01 通过调控过氧化氢平衡调控柑橘对溃疡病抗性的模型

# 第十二章
# APX 家族与植物抗病相关性

抗坏血酸过氧化物酶（APX）是一种抗氧化酶，在维持植物氧化还原动态平衡中起着至关重要的作用。本章鉴定了柑橘中含有 6 个 APX 基因，通过生物信息学分析对柑橘 APX 的进化和功能有了一定了解，并研究了 CsAPX 在外源 *Xcc*、脱落酸、水杨酸和茉莉酸处理下 APX 的相对表达量，筛选出两个抗溃疡病的候选基因，通过亚细胞定位和瞬时表达进一步鉴定其功能，为抗溃疡病分子育种提供参考。

## 第一节　柑橘 APX 家族

### 一、柑橘 APX 家族的鉴定

APX 在植物体内维持氧化还原动态平衡和清除 ROS 方面至关重要，APX 基因在不同植物的生长发育过程以及对外界环境胁迫的响应中起着非常重要的作用。APX 是由多基因家族编码的蛋白酶，根据蛋白质的亚细胞定位，该家族成员分为四类，其分别位于胞浆、过氧化物酶体、叶绿体和线粒体。水稻有 8 个基因编码 APX 亚型：两个细胞质亚型（OsAPX1 和 OsAPX2）；两个线粒体亚型（OsAPX5 和 OsAPX6），两个过氧化物酶亚型（OsAPX3 和 OsAPX4），一个叶绿体中的叶绿体基质亚型（OsAPX7），以及一个叶绿体中的类囊体膜结合亚型（OsAPX8）。在拟南芥中鉴定出 9 个 APX，拟南芥 APX 基因家族由三个胞质 APX、三个过氧化物酶体 APX 以及一个与叶绿体类囊体结合亚型和一个产物同时针对叶绿体基质和线粒体亚型组成。在其他植物中也鉴定出了 APX，例如茄子、陆地棉、大豆、黄瓜、紫花苜蓿、毛白杨和高粱（Najami, *et al.*, 2008；Ozyigit, *et al.*, 2016；Tao C, *et al.*, 2018）。然而在柑橘中对 APX 的研究较少，但 APX 是关键的抗氧化基因，因此需要对柑橘的 APX 家族有一个系统的鉴定及相关研究。

利用过氧化物酶数据库 RedOxiBase 和柑橘（甜橙）CAP 数据库获得柑橘 APX 家族序列信息，从晚锦橙的 cDNA 中克隆了 6 个编码序列并进行了序列分析。根据现有数据库克隆的 CsAPX01、CsAPX02、CsAPX04 和 CsAPX-R 序列是 100% 一致的；CsAPX05 在第 1032 位碱基有一个错配，但不影响蛋白质的翻译；CsAPX03 的测序结果与数据库结果相差较大（图 12-1）。

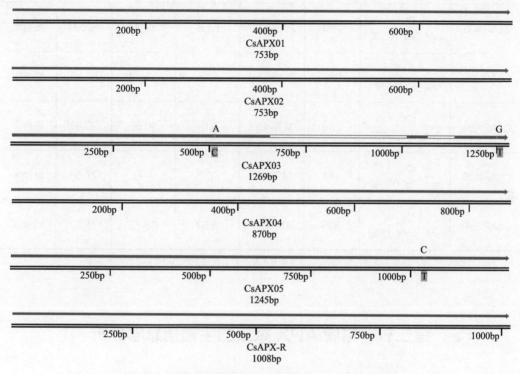

图 12-1 测序得到的柑橘 APX 序列与数据库进行比对结果

## 二、柑橘 APX 家族的理化性质

对柑橘 APX 家族进行了鉴定和理化性质分析，最终从柑橘基因组中鉴定到 6 个 APX 成员。柑橘中 APX 基因的数量明显低于拟南芥（8 个 APX 基因），这一差异表明 APX 基因可能在木本植物中执行更为复杂的功能。这些 CsAPX 基因编码蛋白质的长度在 250（CsAPX01、CsAPX02）～ 414（CsAPX05）个氨基酸；其分子量变化范围为 27558.22 ～ 44931.81Da；等电点（p$I$）分布在 5.55（CsAPX01）～ 8.62（CsAPX-R），柑橘的大多数 APX 为酸性蛋白；CsAPX01 编码的氨基酸脂肪指数最低（75.4）、CsAPX03 的最高（89.93），其余脂肪指数分布在 77.66 ～ 83.81；蛋白质不稳定系数分布在 32.97 ～ 48.78，其中 CsAPX-R 最不稳定。经亚细胞定位分析，柑橘 CsAPX 在细胞质（CsAPX01 ～ 04）和叶绿体（CsAPX05、CsAPX-R）均有分布（表 12-1）。这些酶的不同位置暗示着其功能的不同。

经二级结构分析发现，这些蛋白质均由 α- 螺旋、β- 转角、伸展链和不规则卷曲构成，且主要以 α- 螺旋和不规则卷曲为主，伸展链（9.34% ～ 28.09%）和 β- 转角（6.42% ～ 9.17%）占比较少。但 CsAPX-R 有特殊的二级结构，它主要以伸展链和不规则卷曲为主。

表 12-1 柑橘 APX 的家族信息

| 名称 | 数据库 CPBD 中的编号 | 氨基酸数量 | 分子量 /Da | 等电点 | 不稳定指数 | 脂肪指数 | 亚细胞定位 |
|---|---|---|---|---|---|---|---|
| CsAPX01 | Cs_ont_8g004040 | 250 | 27570.16 | 5.55 | 33.06 | 75.4 | 细胞质 |
| CsAPX02 | Cs_ont_6g019300 | 250 | 27558.22 | 5.58 | 32.97 | 82.36 | 细胞质 |
| CsAPX03 | Cs_ont_8g027810 | 282 | 31460.99 | 5.85 | 33.42 | 89.93 | 细胞质 |
| CsAPX04 | Cs_ont_1g028480 | 289 | 31784.98 | 6.01 | 40.69 | 83.81 | 细胞质 |
| CsAPX05 | Cs_ont_3g009130 | 414 | 44931.81 | 7.6 | 47 | 77.66 | 叶绿体 |
| CsAPX-R | Cs_ont_4g002390 | 335 | 36467.75 | 8.62 | 48.78 | 79.52 | 叶绿体 |

注：用 ExPASy 分析其理化性质。用 Cello 软件预测亚细胞定位。柑橘全基因组来源于甜橙数据库。

# 第二节 柑橘 APX 家族的生物信息学分析

## 一、柑橘 APX 家族的系统发育分析、染色体定位、共线性分析和基因结构

为了研究 APX 家族在多个物种中的进化关系，使用最大似然法构建了包含柑橘、拟南芥和杨树 3 个物种 APX 家族的系统发育树［图 12-2（a）］。构建的 ML 系统发育树表明，根据用于 AtAPX 鉴定的分支，CsAPX 可以划分为三个不同的分支（分支 Ⅰ～Ⅲ），从系统进化树可以发现，3 个物种的 25 个 APX 蛋白（柑橘 6 个、拟南芥 8 个、杨树 11 个）可划分为 Ⅰ～Ⅲ三个亚家族。CsAPX01-AtAPX01、CsAPX04-PtAPX05 和 CsAPX-R-AtAPX-R-PtAPX-R 对的基因表现出密切的关系，表明其种间同源性。系统发育树也显示出柑橘、拟南芥和杨树的种内同源性。

经染色体定位分析，7 个 AtAPX 基因不均匀地定位在拟南芥的 5 条染色体上，6 个 CsAPX 基因不均匀地定位在 9 条柑橘染色体上。在柑橘中，8 号染色体含有 2 个 APX 基因，而 1 号、3 号、4 号和 6 号染色体各含有 1 个 APX 基因，共线性分析鉴定了 9 对柑橘和拟南芥之间的共线 APX 基因，其中大部分表现为共线性，这表明这两个物种的 APX 经历了复杂的基因组复制，其中大部分被保留［图 12-2（b）］。用 GSDS 分析 CsAPX 的外显子 - 内

含子结构，其结果表明，每个基因的外显子数目是不同的［图 12-2（c）］。CsAPX01～05和 CsAPX-R 含 8～11 个内含子，CsAPX01、02 和 04 各含 8 个内含子，CsAPX03 含 9 个内含子，CsAPX05 和 CsAPX-R 含 11 个内含子。结合进化树结果显示尽管存在较大的内含子变异，不同亚科的 APX 仍具有相似的基因结构。亚家族Ⅱ包含 11 个内含子，亚家族Ⅰ中CsAPX01/02/04 包含 8 个内含子，CsAPX03 包含 10 个内含子。

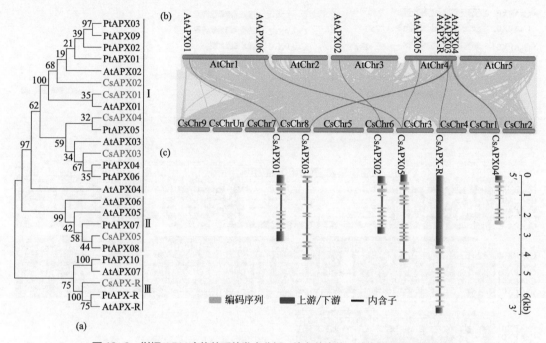

图 12-2　柑橘 APX 家族的系统发育分析、染色体定位、共线性分析和基因结构

（a）几种生物中 APX 蛋白的系统发育树。PtAPX01～10，PtAPX-R：杨树 APX；AtAPX01～07，AtAPX-R：拟南芥 APX；CsAPX01～05，CsAPX-R：柑橘 APX；（b）拟南芥和柑橘基因组中 APX 基因的染色体定位和共线性分析。染色体的位置、共线性分析用 TBTools 可视化。红线表示 CsAPX 和 AtAPX 的共线基因对。（c）GSDS 显示的柑橘 APX 基因结构

（扫封底或勒口处二维码看彩图）

## 二、柑橘 APX 家族的保守基序和功能域分析

Pfam 预测了 CsAPX 蛋白的功能结构域，结果表明 CsAPX 蛋白含有典型的过氧化物酶结构域［图 12-3（a）］。MEME 分析表明，除了 CsAPX-R 之外，其余 5 种蛋白质之间都存在 7个保守的基序，这些基序主要与过氧化物酶结构域有关［图 12-3（b）］。蛋白质的序列比对显示出显著的结构域保守［图 12-3（c）］。

## 三、柑橘 APX 家族的启动子元件分析

已知启动子区域的顺式元件在转录调控中发挥重要作用，影响广泛的生理过程，包括对

植物激素和非生物胁迫的反应（Yang，*et al.*，2019）。本研究利用 PlantCare 分析了 CsAPX 启动子（ATG 上游 2000bp）的顺式和反式调节元件，了解 APX 基因在应对压力时可能的表达方式（图12-4）。三个与植物抗病相关的激素反应元件 CGTCA 基序、ABRE 元件和 TCA 元件，在 6 个 CsAPX 基因的启动子中分布不均匀。所有 CsAPX 启动子都含有 1～4 个 ABRE 元件和一个 CGTCA 基序，TCA 元件含量较少。

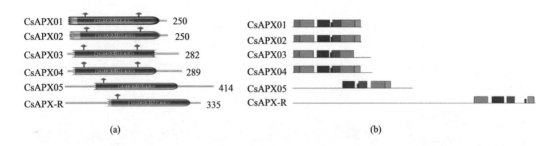

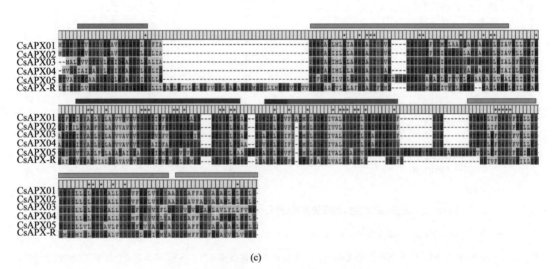

(c)

图12-3 柑橘 APX 家族的保守基序和功能域分析

（a）Pfam 预测的 CsAPX 的功能结构域；（b）通过 MEME 分析 CsAPX 蛋白中的保守基序；

（c）通过 Mega 对 CsAPX 进行序列比对，MEME 分析的 CsAPX 蛋白的保守基序标记在相应的区段上方

（扫封底或勒口处二维码看彩图）

柑橘的 APX 能够结合许多转录因子，包括 AHL、ATHB、BHLH、DOF、MYB、NAC 和 YAB，这些转录因子与植物发育、胁迫反应、信号转导和抗病有关（图 12-5）。综合 Jaspar 对启动子中的转录因子结合元件进行分析。结果表明，CsAPX01 和 CsAPX04 启动子含有更高比例的 YAB 结合元件，YAB 与果实发育有关。CsAPX02 启动子含有更多的 DOF 和 AHL 结合位点，这与胁迫反应和植物生长相关。在 CsAPX03 和 CsAPX-R 启动子中发现了与胁迫相关的 NAC 结合元件，在 CsAPX05 中发现了 MYB 结合位点。CsAPX-R 还含有 GATA 结合位点。此外，CsAPX01、CsAPX02、CsAPX-R 启动子含有更多的转录因子结合位点，分别为 25 个、24 个和 24 个。

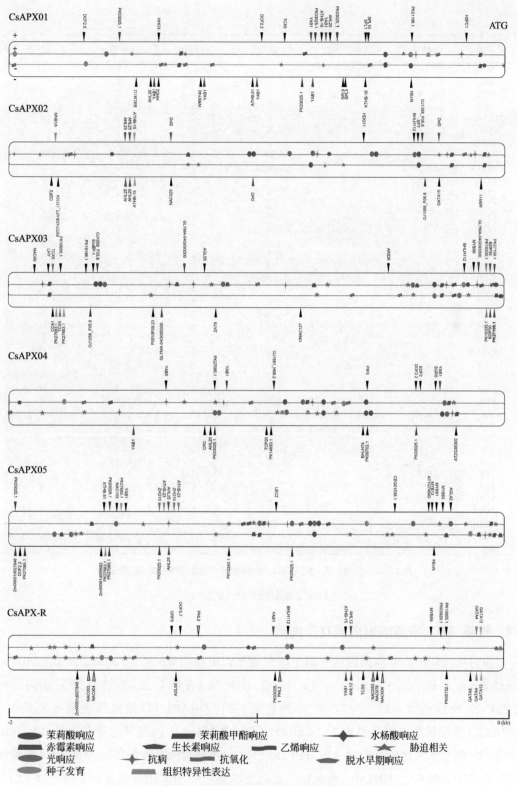

图 12-4　柑橘 APX 家族启动子中的顺式元件和转录因子结合位点

（扫封底或勒口处二维码看彩图）

| 转录因子 | CsAPX01 | CsAPX02 | CsAPX03 | CsAPX04 | CsAPX05 | CsAPX-R |
|---|---|---|---|---|---|---|
| AGL | 0 | 0 | 1 | 0 | 1 | 1 |
| AHL | 2 | 5 | 0 | 1 | 2 | 2 |
| ARID | 0 | 0 | 1 | 0 | 0 | 0 |
| ARR | 0 | 1 | 0 | 0 | 0 | 0 |
| AT1G74840 | 0 | 0 | 0 | 0 | 1 | 0 |
| ATHB | 3 | 3 | 0 | 0 | 3 | 1 |
| BHLH | 1 | 1 | 1 | 1 | 0 | 0 |
| BZIP | 0 | 0 | 2 | 0 | 0 | 0 |
| CAMTA | 0 | 0 | 0 | 0 | 0 | 1 |
| CCA | 0 | 0 | 1 | 0 | 0 | 0 |
| CDF | 0 | 1 | 0 | 0 | 0 | 0 |
| CEG | 0 | 0 | 0 | 0 | 1 | 0 |
| CRC | 0 | 0 | 0 | 1 | 0 | 0 |
| DOF | 2 | 7 | 0 | 1 | 1 | 1 |
| EmBP-1 | 0 | 0 | 1 | 0 | 0 | 0 |
| GATA | 0 | 1 | 0 | 0 | 0 | 5 |
| GLYMA | 0 | 0 | 3 | 0 | 0 | 0 |
| GRF | 0 | 0 | 0 | 0 | 0 | 1 |
| HDG | 0 | 1 | 0 | 0 | 0 | 0 |
| HHO | 2 | 0 | 0 | 0 | 0 | 0 |
| HSF | 1 | 0 | 0 | 0 | 0 | 0 |
| LEC | 0 | 0 | 0 | 0 | 1 | 0 |
| LHY | 0 | 0 | 1 | 0 | 0 | 0 |
| MNB1A | 0 | 2 | 0 | 0 | 0 | 0 |
| MYB | 2 | 0 | 1 | 0 | 4 | 1 |
| NAC | 0 | 1 | 2 | 0 | 1 | 5 |
| ONAC | 0 | 0 | 1 | 0 | 0 | 0 |
| PHL | 0 | 0 | 0 | 0 | 0 | 2 |
| PIF | 0 | 0 | 0 | 1 | 0 | 0 |
| RAV | 0 | 0 | 0 | 1 | 0 | 0 |
| SGR | 0 | 0 | 0 | 1 | 0 | 0 |
| SPL | 4 | 0 | 0 | 0 | 0 | 0 |
| SPT | 0 | 1 | 0 | 0 | 0 | 0 |
| TCP | 0 | 0 | 0 | 3 | 0 | 0 |
| TCX | 1 | 0 | 2 | 0 | 0 | 1 |
| TEM | 0 | 0 | 0 | 0 | 1 | 0 |
| WRKY | 1 | 0 | 0 | 0 | 0 | 0 |
| YAB | 6 | 0 | 0 | 4 | 1 | 2 |
| ZAT | 0 | 0 | 1 | 0 | 0 | 0 |
| ZHD | 0 | 0 | 0 | 0 | 2 | 0 |

图 12-5　柑橘 APX 家族启动子中转录因子结合元件的类型和数量

(扫封底或勒口处二维码看彩图)

## 四、柑橘 APX 家族的蛋白质互作网络

蛋白质之间的相互作用网络有助于研究相互作用和调节关系（Fernie, *et al.*, 2010）。经过 String 分析 [图 12-6（a）～（e）]，AT1G19550（谷胱甘肽 -S- 转移酶家族蛋白）、CYTC-1（细胞色素 c-1）、CYTC-2（细胞色素 c-2）、DHAR1（脱氢抗坏血酸还原酶 1）、DHAR2（脱氢抗坏血酸还原酶 2）、GulLO1（D- 阿拉伯 -1,4- 内酯氧化酶家族蛋白）、GulLO5（D- 阿拉伯氧化酶家族蛋白）、GulLO6（1,4- 内酯氧化酶家族蛋白）、MDAR6（单脱氢抗坏血酸还原酶 6）、MDHAR（单氢抗坏血酸还原酶）是 APX 的互作蛋白 [图 12-6（f）]。这些结果表明，根据与拟南芥基因和柑橘基因的序列同源性，预测的蛋白质与 CsAPX 具有类似的强关联。

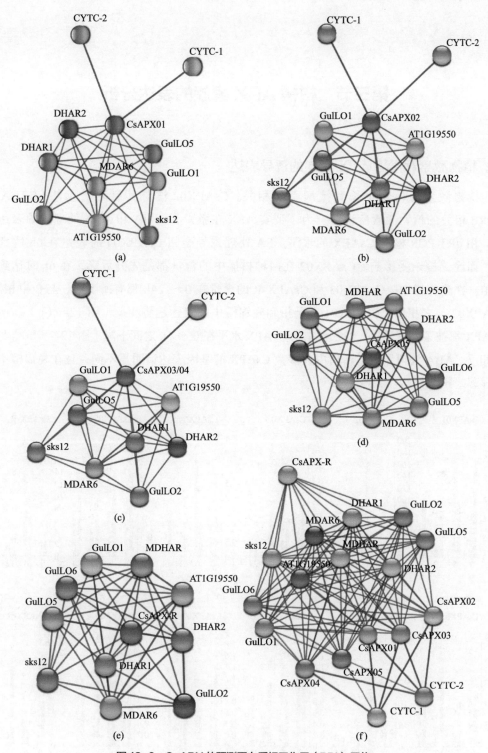

图 12-6　CsAPX 的预测蛋白质相互作用（PPI）网络

单个 CsAPX 的 PPI 网络（a）～（e）。（f）为所有 CsAPX 的 PPI 网络。相互作用的蛋白质用黑色表示，

CsAPX 用红色表示。线粗细表示预测的相互作用强度。互动得分被设置为＞ 0.4（中等可信度）

（扫封底或勒口处二维码看彩图）

# 第三节 柑橘 APX 家族的表达分析

## 一、植物激素对柑橘 APX 家族的诱导表达

植物激素与植物生长和抗病密切相关。CsAPX02 被与其启动子元件 CGTCA 和 ABRE 相关的植物激素所诱导。为了证实 APX 在激素 SA、JA 和 ABA 处理后的表达模式，用 qRT-PCR 检测 CsAPX 的水平。SA 处理诱导金柑 CsAPX04 的表达在 6h 达到最强，而晚锦橙未受影响。CsAPX02 在两种柑橘中的含量都是先升后降，在 6h 时达到最大值。在晚锦橙中，CsAPX03 和 CsAPX-R 的含量在 0 ~ 24h 都有所下降，与金柑相反，CsAPX02 与之相似。CsAPX01 在金柑和晚锦橙中的表达趋势相反［图 12-7（a）］。所有 CsAPX 都被茉莉酸诱导，晚锦橙中的 CsAPX 水平在 0 ~ 6h 之间下降［图 12-7（b）］与金柑相反。ABA 处理导致了金柑中大多数 CsAPX 的基因表达谱明显不同，且在晚锦橙中没有显著差异［图 12-7（c）］。

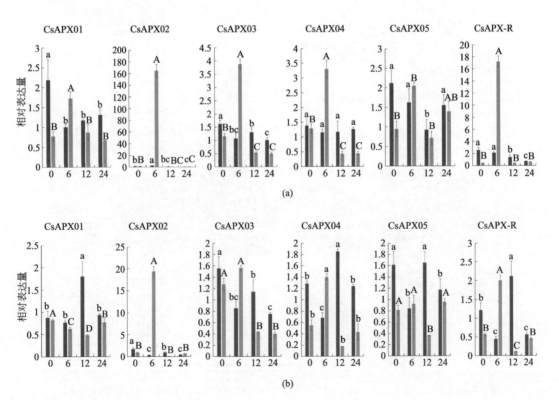

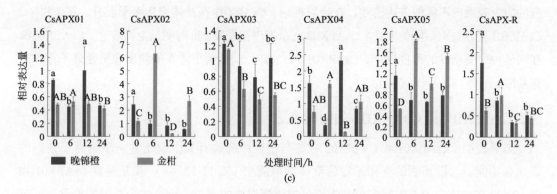

(c)

图 12-7　激素对柑橘 APX 家族的诱导表达

柱状图上的不同字母表示差异显著（$P < 0.05$）。（a）SA 诱导 CsAPX；（b）JA 诱导 CsAPX；（c）ABA 诱导 CsAPX。

采用定量反转录聚合酶链式反应（qRT-PCR）检测晚锦橙（黑）和金柑（灰）的相对表达量，内参基因为 CsGAPDH

## 二、*Xcc* 对柑橘 APX 家族的诱导表达

柑橘溃疡病相关基因的鉴定在柑橘育种中具有重要意义。用 qRT-PCR 方法分析了易感溃疡病品种晚锦橙和抗病品种金柑在侵染 *Xcc* 后 CsAPX 的表达（图 12-8）。CsAPX01-R 对病原

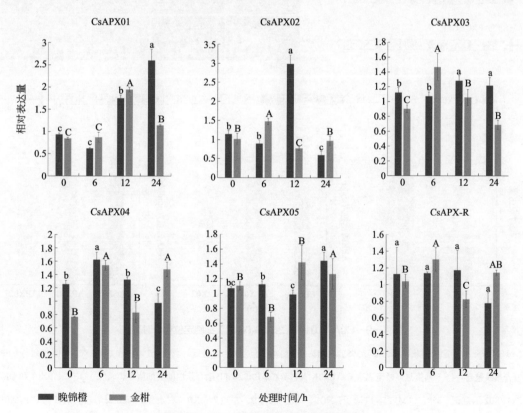

图 12-8　*Xcc* 对柑橘 APX 家族的诱导表达

柱状图上的不同字母表示差异显著（$P < 0.05$）。采用定量反转录聚合酶链式反应（qRT-PCR）

检测晚锦橙（黑）和金柑（灰）的相对表达量，内参基因为 CsGAPDH

菌的响应表现出不同的表达模式。在晚锦橙中，CsAPX01在总体表达水平上升，在金柑中，CsAPX01呈现先升后降的模式。CsAPX02在金柑中被侵染12h时明显上调表达。CsAPX03-R在两品种中受诱导的程度较低。CsAPX01和CsAPX02是两个潜在的溃疡病抗性分子育种候选基因。

## 三、CsAPX01和CsAPX02的瞬时表达

结果表明，CsAPX01和CsAPX02可能与柑橘溃疡病有关，因此进一步研究了它们的表达和功能，它们预测的亚细胞定位都在细胞质中（表12-1）。下一步是观察CsAPX01和CsAPX02在植物中的亚细胞定位。为了可视化蛋白质的定位，将这两个基因的编码序列与GFP报告基因融合［图12-9（a）］，并在烟草中瞬时表达，结果表明这两种融合蛋白与单独的GFP蛋白具有相似的位置，在细胞核和细胞膜中观察到强烈的荧光［图12-9（b）］。

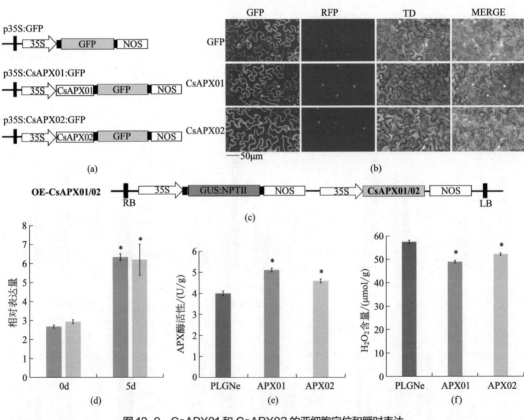

图12-9 CsAPX01和CsAPX02的亚细胞定位和瞬时表达

（a）用于亚细胞定位的载体示意图。35S，CaMV 35S启动子；NOS，终止子。将CsAPX01和CsAPX02编码序列与GFP报告基因融合。（b）共聚焦显微镜观察CsAPX01-GFP和CsAPX02-GFP融合蛋白的亚细胞定位。（c）OE-CsAPX01和OE-CsAPX02示意图。35S，CaMV35S启动子；NOS，终止子；LB，左边界；RB，右边界。（d）瞬时转化后5天CsAPX01和CsAPX02在转基因植株中的相对表达量。采用定量反转录聚合酶链式反应（qRT-PCR）检测其相对表达量，内参基因为CsGAPDH。（e）晚锦橙OE-CsAPX01和OE-CsAPX02瞬时转化后的APX酶活性。（f）晚锦橙OE-CsAPX01和OE-CsAPX02瞬时转化后的$H_2O_2$含量。在（e）和（f）中，*表示有显著差异（$P < 0.05$）

　　将 CsAPX01 和 CsAPX02 克隆到 pLGNe 过表达载体（OE-CsAPX01 和 OE-CsAPX02）中，以探究 OE-CsAPX01、OE-CsAPX02 是否可以通过农杆菌介导的柑橘瞬时表达系统成功地调控 CsAPX01、CsAPX02 的表达 [图 12-9（c）]。结果表明，OE-CsAPX01 和 OE-CsAPX02 激活了 CsAPX01 和 CsAPX02 的表达，正向调节 APX 酶的活性 [图 12-9（c），（d）]，这两种蛋白质都能清除 ROS，其中 CsAPX01 的酶活性更强 [图 12-9（e）]。

# 第十三章
# Rboh 家族与植物抗病相关性

活性氧（ROS）在植物体内产生机制多种多样，涉及多种代谢途径。其中，最主要的途径是由植物呼吸爆发氧化酶（respiratory burst oxidase homologue，Rboh，又称 NADPH 氧化酶）介导产生，Rboh 是参与植物活性氧产生的关键酶。因此，以柑橘为材料，基于全基因组数据，对 Rboh 家族进行鉴定、信息学和诱导表达分析，挖掘柑橘溃疡病相关成员，具有重要意义。

## 第一节　Rboh 类转录因子的研究背景

植物应对生物胁迫伴随着急剧的呼吸爆发（respiratory burst），同时迅速产生大量 ROS 以抑制病原体生长或作为植物早期防御反应中的信号分子诱导下游抗性基因表达（Wang，et al.，2018）。活性氧在植物体内产生机制多种多样，涉及多种代谢途径，其中，最主要途径是由植物 Rboh 介导产生。研究呼吸爆发相关基因的功能与调控机理是发掘潜在抗溃疡病候选基因的重要途径。

植物 Rboh 蛋白 N 端区域含有保守的 $Ca^{2+}$ 结合 EF 手性模体结构，在调节 NADPH 氧化酶活性产生活性氧过程中起到重要作用（Steffens，et al.，2009）。当细胞受到激素、病原等刺激时，细胞产生 $Ca^{2+}$ 与 Rboh 的 EF 结构结合后激活该酶，使之催化产生大量 ROS。植物 Rboh 以多基因家族形式存在，因 Rboh 在抵御胁迫方面的重要功能，越来越多的研究聚焦该家族。从第一个 Rboh 基因在水稻中被克隆出来后（Keller，et al.，1998），Rboh 家族陆续在拟南芥（Torres，et al.，1998）、番茄（Sagi，et al.，2004；Orozco-Cardenas，et al.，2001）、烟草（Zhang，et al.，2009；Simon-Plas，et al.，2002）、马铃薯（Kobayashi，et al.，2007）、玉米（Lin，et al.，2009）、西瓜（Si，et al.，2010）、大麦（Lightfoot，et al.，2008）、苜蓿（Marino，et al.，2011）和豌豆（Muller，et al.，2012）等植物中得以鉴定和分析，揭示了不

同物种中该家族的进化和表达特性，为功能研究和机理探索提供了可能。当前，也有很多关于 Rboh 在抵御胁迫中的功能研究。研究发现在拟南芥和烟草等模式植物中该酶介导产生的 ROS 参与了植物的逆境胁迫；Yoshioka 等发现 NbRbohA 和 NbRbohB 在烟草抗病反应中参与了 $H_2O_2$ 的生成和抵抗致病霉菌（phytophthora infestans）（Yoshioka, et al., 2003）；花叶病毒处理烟草叶片后可增加 Rboh 酶活，从而经一系列反应促进 $H_2O_2$ 的产生，且 SA 处理可增加 NbRbohB 的转录水平，最终诱导 $H_2O_2$ 的大量积累（Sagi, et al., 2006）；拟南芥中 JA 可诱导 AtRbohD 和 AtRbohF 升高，并伴随着 $H_2O_2$ 的积累，JA 处理 AtRbohD 与 AtRbohF 双突变体后，$H_2O_2$ 并无明显提升（Saito, et al., 2008）；ABA 处理玉米幼苗，$ZmRbohA \sim D$ 的表达量和 ROS 含量显著升高，表明玉米 Rboh 参与了 ABA 诱导的信号途径（Jiang, et al., 2002）。综合以上研究，我们发现植物 Rboh 受病原体和植物抗病相关激素的诱导，重建 ROS 的平衡，进而调控植物对胁迫的抗性。

本实验前期在溃疡病菌诱导感病与抗病柑橘品种后的差异表达基因（differently expressed genes，DEGs）中发现有 Rboh 家族基因表达差异明显，这为深入挖掘和研究该家族与柑橘溃疡病的相关性给予了指导。目前，柑橘 Rboh 家族相关研究不多，且鲜有该酶与柑橘溃疡病相关性的研究。鉴定并分析柑橘中 Rboh 家族，并进行全面的信息学分析，探索各成员在生物胁迫信号途径相关激素和柑橘溃疡病菌诱导下的应答模式，分析其与柑橘溃疡病发生的相关性，挖掘有潜力的候选基因用于抗溃疡病分子育种。

# 第二节　柑橘 Rboh 家族

## 一、柑橘 Rboh 家族鉴定和理化性质

首先我们对柑橘全基因组范围内 Rboh 家族进行了鉴定和理化性质分析。最终从柑橘基因组中鉴定到 7 个 Rboh 成员（表 13-1）。这些基因编码蛋白的长度在 784 个氨基酸（CsRboh07）到 946 个氨基酸（CsRboh01）之间；其分子量变化范围为 $89837.0 \sim 106370.8Da$；CsRboh 的等电点分布在 8.67（CsRboh05）和 9.40（CsRboh01）之间，均为碱性蛋白；该家族基因编码的蛋白质亲水性平均值分布在 -0.015（CsRboh07）至 -0.299（CsRboh02）之间，除 CsRboh07 为 -0.015 之外，其他成员均为亲水性蛋白。CsRboh04 编码的氨基酸脂肪指数最低（82.61），CsRboh07 最高（89.06），其余脂肪指数分布在 $83.84 \sim 87.68$ 之间。蛋白质不稳定系数分布在 $40.42 \sim 50.16$ 之间，其中 CsRboh01 最不稳定。经 Cello 分析，柑橘 CsRboh 在细胞内膜（CsRboh04、CsRboh06 和 CsRboh07）、细胞外膜（CsRboh01 和 CsRboh03）、细胞质（CsRboh02 和 CsRboh05）均有分布。Rboh 在不同物种中基因家族编码产物大多位于细胞膜，拟南芥和柑橘中分别有 8 个和 5 个基因编码蛋白位于细胞膜，但葡萄中的一些 Rboh 则多位于叶绿体的类囊体膜上（Cheng, et al., 2013），亚细胞定位的多样性可能与该酶参与不同的胁迫应答有关。

表 13-1 柑橘 Rboh 家族信息

| 基因名称 | CAP 编号 | 氨基酸数量 | 分子量 / Da | 等电点 | 亲水性 | 脂肪指数 | 不稳定系数 | 亚细胞定位 |
|---|---|---|---|---|---|---|---|---|
| CsRboh01 | Cs5g02940.1 | 946 | 106370.8 | 9.4 | −0.247 | 87.68 | 50.16 | 细胞外膜 |
| CsRboh02 | Cs8g12000.1 | 912 | 103139.3 | 9.05 | −0.299 | 83.84 | 42.57 | 细胞质 |
| CsRboh03 | Cs3g14240.1 | 889 | 101017.9 | 9.1 | −0.265 | 85.43 | 40.96 | 细胞外膜 |
| CsRboh04 | Cs4g06920.1 | 875 | 99488.8 | 9.31 | −0.252 | 82.61 | 48.38 | 细胞内膜 |
| CsRboh05 | Cs7g19320.1 | 811 | 91648.2 | 8.67 | −0.269 | 86.94 | 40.91 | 细胞质 |
| CsRboh06 | Cs8g17640.1 | 844 | 96907 | 8.99 | −0.173 | 84.69 | 40.42 | 细胞内膜 |
| CsRboh07 | Cs5g11890.1 | 784 | 89837 | 9.09 | −0.015 | 89.06 | 44.93 | 细胞内膜 |

## 二、柑橘 Rboh 家族的二级结构

分析二级结构发现，这些蛋白质均由 α- 螺旋、β- 转角、伸展链和不规则卷曲构成（表 13-2），且主要以 α- 螺旋为主（40% ～ 45% 之间），其次是不规则卷曲（34.5% ～ 38.5%），伸展链（13.85% ～ 16.28%）和 β- 转角（4% ～ 5.5%）占比较少。上述理化性质和亚细胞定位的多样性赋予柑橘 Rboh 功能的多样性。柑橘 Rboh 家族各序列信息已提交至 RedOxiBase 数据库，其登录号为 13472 ～ 13476，13487 ～ 13488。

表 13-2 柑橘 Rboh 的二级结构

| 基因名称 | α － 螺旋 | β － 转角 | 不规则卷曲 | 伸展链 |
|---|---|---|---|---|
| CsRboh01 | 44.61% | 4.76% | 36.79% | 13.85% |
| CsRboh02 | 43.75% | 5.26% | 34.87% | 16.12% |
| CsRboh03 | 44.43% | 5.29% | 35.32% | 14.96% |
| CsRboh04 | 41.83% | 4.57% | 38.29% | 15.31% |
| CsRboh05 | 42.17% | 4.19% | 37.36% | 16.28% |
| CsRboh06 | 43.60% | 5.21% | 36.85% | 14.34% |
| CsRboh07 | 43.24% | 5.48% | 36.48% | 14.80% |

# 第三节 柑橘 Rboh 家族的生物信息学特征

## 一、柑橘 Rboh 家族的系统进化分析

为了研究 Rboh 家族在多个物种中的进化关系，我们使用最大似然法构建了包含三个物

种（柑橘、拟南芥和杨树）Rboh 家族的系统发育树（图 13-1）。根据系统进化树，3 个物种的 27 个 Rboh 蛋白（柑橘 7 个，拟南芥 10 个，杨树 10 个）可划分为Ⅰ～Ⅳ四个亚家族，其中Ⅰ亚家族又可以分为 A、B 两个分支。四个亚家族分别包含 3 个、2 个、1 个和 1 个柑橘 Rboh 成员。值得注意的是第Ⅳ亚家族为柑橘所特有，且只含有一个 Rboh 成员（CsRboh07），表明 CsRboh07 是进化过程形成的柑橘特有的酶，可能有特殊功能。基因家族大小的不同与家族中基因复制事件相关，在烟草中含有较多的复制事件，使该家族得以扩张，而柑橘中并没有基因复制。

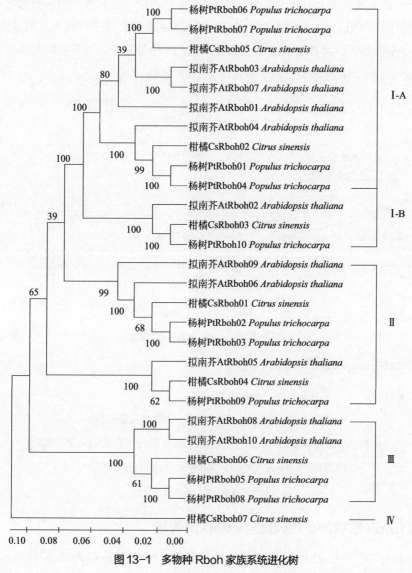

图 13-1　多物种 Rboh 家族系统进化树

PtRboh01 ～ 10：杨树（*Populus trichocarpa*）Rboh 成员；AtRboh01 ～ 10：拟南芥（*Arabidopsis thaliana*）Rboh 成员；

CsRboh01 ～ 07：柑橘（*Citrus sinensis*）Rboh 成员；拟南芥和杨树 Rboh 蛋白序列获取自 RedOxiBase 数据库；

比对采用蛋白质的全长序列进行；进化树采用最大似然法和泊松模型；Ⅰ～Ⅳ：4 个亚家族

## 二、柑橘 Rboh 家族的染色体定位和基因结构

对柑橘 Rboh 在染色体上的定位进行分析和展示，发现柑橘 Rboh 基因不均匀地分布于柑橘的 5 条染色体上（图 13-2），其中，CsRboh03 定位于 3 号染色体，CsRboh04 定位于 4 号染色体，CsRboh01 和 CsRboh07 定位于 5 号染色体，CsRboh05 定位于 7 号染色体，CsRboh02 和 CsRboh06 定位于 8 号染色体。为了更好地了解柑橘 Rboh 基因的结构特点，我们利用 GSDS（Hu, et al., 2015）对 Rboh 基因的结构进行了分析和展示（图 13-2），发现 7 个基因均含 11 ~ 13 个外显子。结合系统进化树，发现相同亚家族基因具有相似基因结构，但内含子并非完全一致，其长度上有较大变异；柑橘 Rboh 家族第 I 亚家族中的基因均含 11 个外显子，CsRboh03 与 CsRboh02、CsRboh05 相比，基因的内含子长度变异较大；第 II 亚家族中的基因具有 12 个外显子；第 III 亚家族中 CsRboh06 有 12 个外显子；第 IV 亚家族中的 CsRboh07 有 13 个外显子；III 和 IV 亚家族中两个基因均无 UTR 区域。

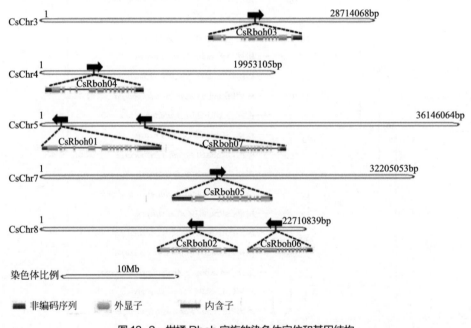

**图 13-2 柑橘 Rboh 家族的染色体定位和基因结构**

染色体定位由软件 MapChart 展示，基因结构由 GSDS 分析；黑色箭头表示基因的反向；

基因长度和染色体长度均成比例；染色体上方的数字表示该染色体的大小

（扫封底或勒口处二维码看彩图）

## 三、柑橘 Rboh 家族的多序列比对和功能结构域

利用 Pfam 对 7 个 CsRboh 进行功能结构域分析，结果表明 CsRboh 家族成员均含有典型的 4 个功能结构域，从 N 端起分别为呼吸爆发 NADPH 氧化酶结构域（respiratory burst NADPH oxidase, NADPH_Ox, PF08414.10）、铁还原酶跨膜组件（ferric reductase like transmembrane component, Ferric_reduct, PF01794.19）、FAD 结合结构域（FAD-binding domain, FAD_binding, PF08022.12）和铁还原酶 NAD 结合结构域（ferric reductase NAD binding domain，NAD_binding，PF08030.12）［图 13-3（a）］。这些结构在进化上高度保守，是植

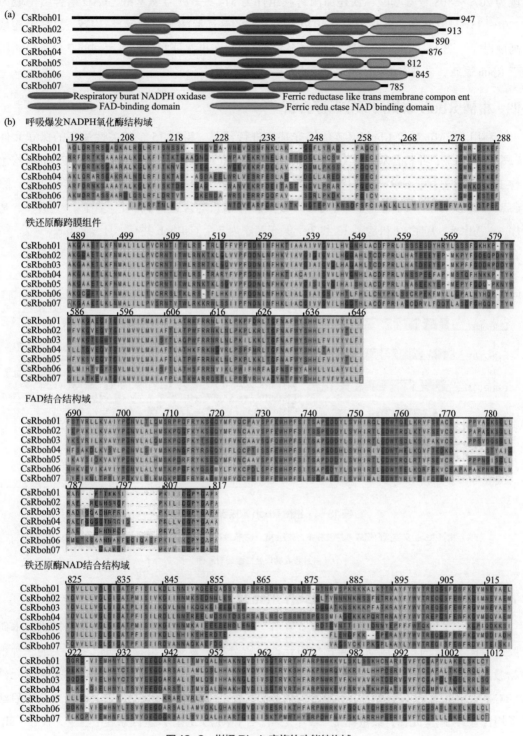

图13-3 柑橘 Rboh 家族的功能结构域

（a）柑橘 Rboh 家族的功能结构域，使用在线软件 Pfam 预测；（b）4 个功能结构域比对

（扫封底或勒口处二维码看彩图）

物 Rboh 的显著特征，也是发挥功能的前提。蛋白质序列的比对发现 NADPH 氧化酶结构域为 207 ～ 308 号氨基酸、铁还原酶跨膜组件为 514 ～ 677 号氨基酸、FAD 结合结构域为 720 ～ 851 号氨基酸，以及 856 ～ 1070 号氨基酸的铁还原酶 NAD 结合结构域，这些结构域高度保守 ［图 13-3（b）］。这些典型保守结构域的存在再次证实我们鉴定到的 7 个蛋白质属于 Rboh 家族，也是 CsRboh 发挥功能的前提。

## 四、柑橘 Rboh 家族的保守基序分析

利用 MEME 对 CsRboh 家族的保守基序进行预测，得到 15 个相关性最高的保守元件 ［图 13-4（a）］，并整合基序的 Logo ［图 13-4（b）］。CsRboh01、CsRboh03 和 CsRboh04 均包含 15 个保守基序，CsRboh05 和 CsRboh06 包含 14 个，CsRboh02、CsRboh07 包含 12 个；除 CsRboh02 没有基序 5、基序 9、基序 10，其他 6 个成员均含有。基序 1、基序 2、基序 3、基序 6、基序 8、基序 12 和基序 13 共 7 个保守基序为 7 个 CsRboh 共有，且分布几乎一致，结合 Pfam 分析的功能结构域（图 13-3），发现这 7 个共有基序对应 CsRboh 的功能结构域。

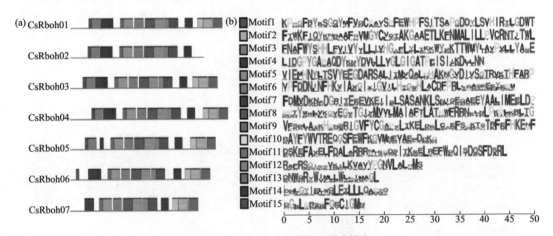

图 13-4　柑橘 Rboh 家族蛋白保守基序

（a）柑橘 Rboh 家族蛋白保守基序及分布，使用 MEME 软件进行分析；（b）15 个保守基序的 Logo 展示

（扫封底或勒口处二维码看彩图）

## 五、柑橘 Rboh 家族的启动子顺式作用元件

为深入了解 CsRboh 家族基因对逆境信号的胁迫机制以及基因的诱导表达模式，本研究对柑橘 Rboh 的核心启动子顺式作用元件进行分析，发现了植物抗病信号有关的 3 种植物激素响应元件：JA 响应元件（CGTCA- 基序）、ABA 响应元件（ABRE）和 SA 响应元件（TCA-element）在 7 个基因中呈现不均匀分布（表 13-3）。除 CsRboh05，其余 6 个基因启动子均含有 JA 响应元件，数量在 1 ～ 3 个之间。SA 响应元件在该基因家族中较少，仅在 CsRboh01、CsRboh02、CsRboh06 中各包含 1 个。除 CsRboh07 以外，其余基因均包含 1 ～ 7 个 ABA 响应元件。通过以上分析推测 CsRboh 家族基因主要在响应脱落酸、茉莉酸诱导的植物抗病诱导信号通路方面发挥着重要作用。在不同家族成员中启动子元件的差异可能影响该基

因在响应相关激素和外界环境刺激时诱导表达产生差异。

**表 13-3　柑橘 Rboh 启动子顺式作用元件分布**

| 基因名称 | 茉莉酸（JA）响应元件 | 水杨酸（SA）响应元件 | 脱落酸（ABA）响应元件 |
|---|---|---|---|
| CsRboh01 | 3 | 1 | 7 |
| CsRboh02 | 1 | 1 | 1 |
| CsRboh03 | 2 | — | 5 |
| CsRboh04 | 3 | — | 5 |
| CsRboh05 | — | | 6 |
| CsRboh06 | 2 | 1 | 1 |
| CsRboh07 | 1 | — | — |

# 第四节　柑橘 Rboh 家族的表达模式

## 一、激素诱导柑橘 Rboh 家族的表达模式

　　研究发现，将 SA 喷施到拟南芥上，不仅能诱导病原相关蛋白质 PR 的上调表达，而且能获得系统性抗性，从而使植物对病原菌的抵抗能力普遍增强。植物激素与植物抗病密切相关，但不同激素的信号途径相互交叉，有时相互拮抗。为了分析 CsRboh 基因家族与生物胁迫的相关性，我们对该家族受某些生物胁迫信号途径相关的植物激素的诱导表达模式进行了研究。以不同激素处理晚锦橙和四季橘叶片后用 qRT-PCR 检测 7 个基因在不同时间段（0h、12h、24h、36h 和 48h）的相对表达量。

　　ABA 诱导时，CsRboh03 在晚锦橙中 0 ～ 36h 内表达量逐步上升，往后呈现急剧下降趋势；而在四季橘中，在 0 ～ 12h 内上调表达，12 ～ 36h 表达量逐渐下降，之后上升至最高水平。CsRboh04 在两个品种中表达模式类似，自 0 ～ 24h 表达量逐步下降，之后上升。两个品种中 CsRboh07 也对 ABA 有明显响应，在晚锦橙中该基因呈现先上升后下降、再上升再下降的趋势；四季橘则是在处理前 24h 一直上调表达，之后表达量下降。其他基因虽响应 ABA 诱导，但效果并不明显（图 13-5）。在两个抗、感不同品种中 CsRboh 受ABA 诱导表达模式各异，表明 CsRboh 可能参与脱落酸信号转导通路，进而影响植物抗病反应。

　　JA 诱导时，CsRboh01、CsRboh03、CsRboh05、CsRboh06 和 CsRboh07 在四季橘中均先上升后下降，36h 达到最高，而在晚锦橙中 CsRboh03 和 CsRboh07 表达模式相似，CsRboh01、CsRboh05 和 CsRboh06 无明显诱导。两个品种中 CsRboh02 受 JA 诱导表达模式相反，晚锦橙中 CsRboh02 表达量先下降再上升，四季橘中则先上升后下降（图 13-6）。CsRboh 家族 7 个成员呈现受 JA 诱导表达趋势多样可能与该基因启动子区含有多样化的茉莉酸响应元件有关，CsRboh02 的相反的诱导趋势可能与两品种对溃疡病的抗、感性差异有关。

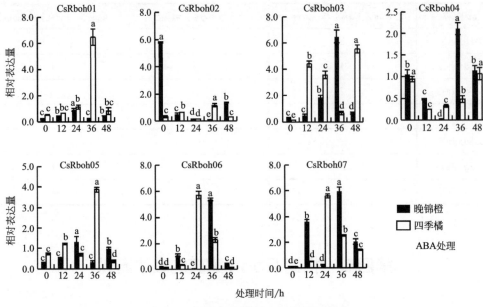

图 13-5　ABA 诱导柑橘 Rboh 的相对表达

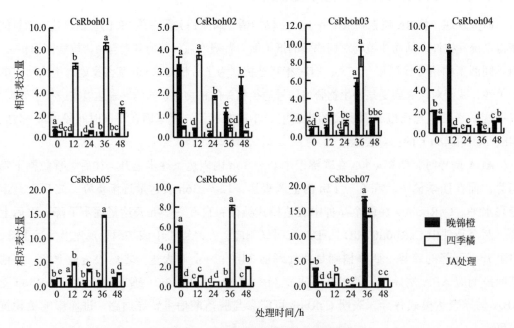

图 13-6　JA 诱导柑橘 Rboh 的相对表达

SA 诱导时，晚锦橙中，CsRboh01、CsRboh04、CsRboh05 和 CsRboh06 总体呈先升后降趋势，而在四季橘这 4 个基因受 SA 诱导总体不明显；CsRboh02、CsRboh03 和 CsRboh07 在两个品种中受水杨酸诱导趋势相似（图 13-7）。CsRboh 受 SA 诱导模式相对简单，可能与启动子中该元件较少或缺失有关。

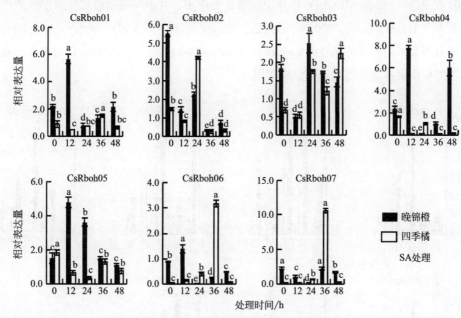

图 13-7　SA 诱导柑橘 Rboh 的相对表达

## 二、柑橘溃疡病菌诱导柑橘 Rboh 家族的表达模式

为了分析 CsRboh 家族与柑橘溃疡病发生的相关性，本研究对该家族受柑橘溃疡病菌诱导表达模式进行了分析，7 个基因在 *Xcc* 侵染下均有不同程度的响应（图 13-8）。晚锦橙中，CsRboh01 和 CsRboh04 表达量变化总体呈现先升后降趋势，CsRboh02 和 CsRboh06 表达量呈现出先升、后降、再升的趋势，CsRboh03 和 CsRboh05 表达量则先降、后升、再降。且除 CsRboh07 外，家族其余基因表达量均在 24h 达到最高。四季橘中，CsRboh01、CsRboh05 和 CsRboh06 表达呈现先降、后升、再降的趋势，CsRboh05 则在最后 36～48h 内表达量再次升高。CsRboh03 和 CsRboh07 表达量先升、后降。CsRboh02 和 CsRboh04 则是先升、后降、再升的趋势，CsRboh04 在最后一个时间段内表达量出现下降。而比较两个品种中不同基因的表达量发现，CsRboh02、CsRboh05 和 CsRboh07 三个基因在两个品种中具有相似的诱导趋势。CsRboh04 的表达量在两品种中有明显不同，晚锦橙中 CsRboh04 的表达量在 0～24h 上升，在 24h 达到最高，24～48h 逐步下降，而四季橘中 CsRboh04 在 0～12h 上升、12～24h 下降、24～36h 上升、36～48h 下降。CsRboh06 在晚锦橙中呈现先上升后下降、四季橘中先下降后上升的趋势，两个品种中诱导总体趋势基本相反。

其中，CsRboh02 在柑橘溃疡病菌诱导下表达水平明显高于家族其他基因，在溃疡病菌侵染的前 24h 内，在抗病品种四季橘中 CsRboh02 均上调表达，表明该基因参与柑橘的基础免疫。而 CsRboh02 表达量增长幅度高于晚锦橙，表明可能在抗病品种中经溃疡病菌诱导产生更多的 $H_2O_2$，从而激活植物过敏反应。通过蛋白质序列比对发现 CsRboh02 与拟南芥中 AtRbohD、烟草中 NbRbohD 具有较高同源性。AtRbohD 可参与病原体诱导的 ROS 产生和寡半乳糖苷（OGs）诱导的植物免疫，从而抵御外界病原菌侵染（Kaur，et al.，2014）。另外，AtRbohD 在 ROS 依赖的 ABA 信号转导中起着重要作用，并参与植物防御反应期间活性氧中间体的积累（Torres，et al.，2002）。据报道，先前研究的 NbRbohD、NbRbohA 和 NbRbohB 也直接参与对真菌病原体的抗性（Yoshioka，et al.，2003）。综上，CsRboh02 可能在柑橘抗溃疡病发生的早期发挥着关键的基础免疫作用。

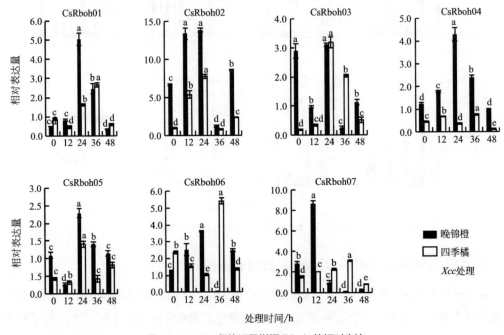

图 13-8 *Xcc* 侵染诱导柑橘 Rboh 的相对表达

柑橘溃疡病菌诱导后，CsRboh04 的表达水平在抗感不同的柑橘品种中有明显差异，在晚锦橙中 CsRboh04 表达量变化趋势明显，受 *Xcc* 诱导较为明显，表达量明显高于四季橘。通过 CAP 甜橙数据库预测 CsRboh04 在叶片中的表达量仅为 0.300191，其真实表达量较低，这与溃疡病菌诱导后 CsRboh04 在四季橘中表达量较低的情况相一致。结合系统进化树及其蛋白质同源序列比对发现拟南芥中 AtRbohE 为 CsRboh04 的同源基因。尽管尚未阐明 AtRbohE 的作用，但有研究表明，在生物胁迫期间，其启动子区域中存在伤口反应元件（W-box）（Kaur，et al.，2016），且 W-box 可与 WRKY 转录因子相互作用，在生物胁迫中发挥关键作用（Rushton，et al.，2010）。已有大量研究证明 WRKY 家族大部分基因都参与植物抗病反应（Chen，et al.，2018），由此可推断 CsRboh04 可能参与柑橘抗病作用。

在溃疡病菌诱导的前 24h 内，CsRboh06 在晚锦橙中表达量逐渐上升、在四季橘中逐渐下降，其表达趋势基本相反。且发现该基因的启动子区域均包含脱落酸、水杨酸、茉莉酸响应元件，实验中 CsRboh06 也受到相应激素不同程度的诱导表达。推断 CsRboh06 可能通过响应植物激素信号代谢通路进一步参与植物抗病过程。系统进化树聚类分析发现，AtRboh08（H）、AtRboh10（J）、PtRboh05、PtRboh08 与 CsRboh06 同属第三组，而目前对杨树中 Rboh

功能研究较少，仅有部分研究发现 AtRboh08（H）、AtRboh10（J）在花粉中特异表达，共同参与植物花粉管的生长发育，是重要的花粉基因（Potocky, *et al.*, 2007）。关于 PtRboh05、PtRboh08 及其 AtRboh08（H）、AtRboh10（J）的更多功能研究仍在进行中。因此针对 CsRboh06 在抗感不同的柑橘品种中的表达情况及与抗病反应是否相关都有必要在后续实验中进行深入研究。这既可为其他物种中相关基因功能研究提供参考，也能为柑橘抗溃疡病分子育种奠定基础。

综合上述实验结果推测 CsRboh02、CsRboh04 和 CsRboh06 与柑橘品种抗、感性密切相关，后续可进一步对其进行功能研究。

# 第十四章
# SOD 家族与植物抗病相关性

超氧化物歧化酶（SOD）在植物体中发挥着重要作用，尤其是在维持其氧化还原稳态方面。本章鉴定了柑橘的 SOD 家族并分析其基因结构、系统发育、保守结构域和基序，预测互作、染色体分布和在柑橘感染溃疡病时的响应，挖掘柑橘溃疡病相关成员并分析了其功能。

## 第一节　柑橘 SOD 家族

在甜橙基因组中鉴定出 13 种 CsSOD，理化预测表明其分子量在 14.151 ~ 37.913kDa 之间（表 14-1）。推导出其蛋白质序列长度在 139 ~ 352 个氨基酸之间，其中脂肪族氨基酸指数值在 67.29 ~ 93.81 之间，p$I$ 在 4.63 ~ 9.42 之间，其中 9 个蛋白质是酸性的。CsSOD 蛋白的不稳定性指数值存在显著差异，在 3.40 ~ 47.65 之间，除 CsSOD02 和 CsSOD07 外，大多数 SOD 蛋白质预测是不稳定的。亲水性（GRAVY）的总平均值在 -0.674 ~ 0.150 之间变化，除 CsSOD02 和 CsSOD13 外，所有 SOD 蛋白质都是亲水的。预测柑橘 SOD 家族蛋白质主要位于细胞外、细胞质、叶绿体和线粒体腔中。预测 CsSOD10 在叶绿体和细胞质中均表达，而 CsSOD11 预测位于叶绿体和线粒体中。

表 14-1　柑橘 SOD 家族

| 名称 | CAPID | 大小（aa） | 分子量 /Da | 等电点（p$I$） | 亲水性平均值 | 脂肪指数 | 不稳定系数 | 亚细胞定位 |
|---|---|---|---|---|---|---|---|---|
| CsSOD01 | Cs_ont_3g017650.1 | 352 | 37912.86 | 6.92 | −0.572 | 69.80 | 28.48 | 细胞外 |
| CsSOD02 | Cs_ont_3g017660.1 | 139 | 14150.98 | 6.24 | 0.150 | 93.81 | 10.49 | 细胞外 /细胞质 |

续表

| 名称 | CAPID | 大小（aa） | 分子量 /Da | 等电点（p/） | 亲水性平均值 | 脂肪指数 | 不稳定系数 | 亚细胞定位 |
|---|---|---|---|---|---|---|---|---|
| CsSOD03 | Cs_ont_3g017710.1 | 183 | 19859.86 | 9.42 | -0.163 | 88.42 | 22.20 | 细胞外 /细胞质 |
| CsSOD04 | Cs_ont_3g017720.1 | 192 | 21355.90 | 6.72 | -0.320 | 79.64 | 26.48 | 细胞外 |
| CsSOD05 | Cs_ont_3g017760.1 | 156 | 16609.34 | 4.63 | -0.251 | 79.36 | 18.03 | 细胞质 |
| CsSOD06 | Cs_ont_3g017770.1 | 156 | 16150.05 | 5.50 | -0.128 | 77.37 | 16.70 | 细胞质 |
| CsSOD07 | Cs_ont_5g014800.1 | 146 | 14885.84 | 6.78 | -0.112 | 90.82 | 3.40 | 细胞质 |
| CsSOD08 | Cs_ont_5g041000.1 | 248 | 26520.07 | 7.76 | -0.150 | 79.80 | 36.60 | 叶绿体 |
| CsSOD09 | Cs_ont_7g013920.1 | 270 | 30095.09 | 8.57 | -0.439 | 74.52 | 36.92 | 叶绿体 |
| CsSOD10 | Cs_ont_7g013930.1 | 303 | 34616.86 | 5.22 | -0.674 | 67.29 | 47.65 | 细胞质 /叶绿体 |
| CsSOD11 | Cs_ont_7g019080.1 | 259 | 29467.85 | 8.66 | -0.275 | 85.83 | 31.53 | 线粒体 /叶绿体 |
| CsSOD12 | Cs_ont_7g002980.1 | 228 | 25288.88 | 6.79 | -0.212 | 92.81 | 36.56 | 线粒体 |
| CsSOD13 | Cs_ont_8g006180.1 | 234 | 23705.69 | 6.66 | 0.037 | 89.19 | 27.29 | 叶绿体 |

# 第二节　柑橘 SOD 家族的生物信息学分析

## 一、柑橘 SOD 家族在染色体上的分布和基因结构

柑橘 SOD 基因在柑橘的 4 个染色体上分布不均。染色体 3 在单个基因簇（CsSOD01 ～ 06）中包含 6 个 SOD 基因。该基因家族中的四个基因似乎有串联重复现象。虽然 CsSOD01 和 CsSOD06 显然是位于同一染色体上的相关基因，但它们的序列相似性很低，因此认为不是串联重复基因。5 号染色体含有两个相距较远的 CsSOD 基因 CsCOD07 和 CsCOD08。7 号染色体含有 4 个 CsSOD 基因（CsSOD09 ～ 12），其中 CsSOD09 和 CsSOD10 串联重复，而剩余的染色体（8 号染色体）只含有 1 个 CsSOD 基因（CsSOD13）［图 14-1（a）］。CsSOD01 包含的外显子数量最多（14 个），而其他基因的外显子数量在 5 ～ 14 个之间。内含子数量不

一致，其长度也表现出显著差异。总体而言，除 CsSOD09 和 CsSOD10 外，CsSOD 基因表现出多种内含子 / 外显子的组织模式［图 14-1（b）］。

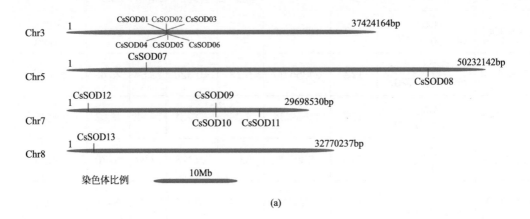

(a)

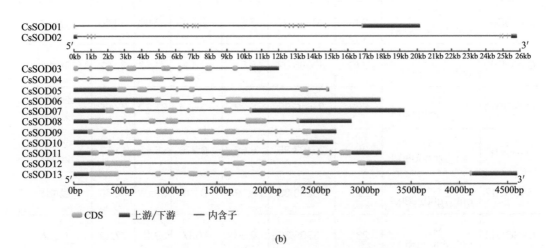

(b)

图 14-1　柑橘 SOD 基因的染色体定位和基因结构

（a）CsSOD 基因的染色体分布；（b）CsSODs 的基因结构。

内含子和外显子分别显示为黄色框和细线，而 UTRs 显示为蓝色框

（扫封底或勒口处二维码看彩图）

## 二、柑橘 SOD 的功能结构域

Pfam 分析表明，CsSOD 可分为两大类。第一类为 Cu/Zn-SOD，包括 9 个成员，每个成员具有一个或两个 Cu/Zn-SOD 域（CsSOD01、02、03、04、05、06、07、08 和 13），而 Cs-SOD08 包含重金属相关结构域。第二类为 Fe/Mn-SOD，这些酶包含一个 Fe/Mn-SOD α- 发夹结构域和 Fe/Mn-SOD C- 末端结构域（CsSOD09、10、11 和 12）［图 14-2（a）］。序列比对显示了这些结构域的保守性。如图 14-2（b）所示，Cu/Mn-SOD 结构域的长度为 182 ～ 372 个残基，Fe/Mn-SODα- 发夹结构域为 166 ～ 264 个残基，Fe/Mn-SOD C- 末端结构域为 270 ～ 391 个残基。

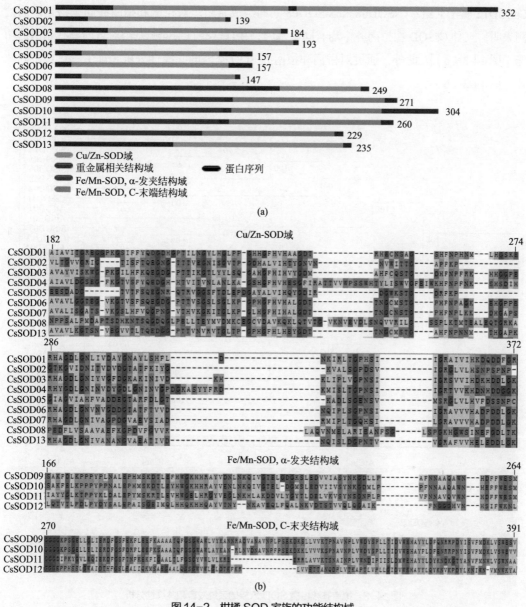

(a)

图 14-2　柑橘 SOD 家族的功能结构域

（a）柑橘 SOD 家族的功能域，不同颜色的线代表不同的功能域，右边的数字代表蛋白质序列的长度；

（b）柑橘 SOD 功能域的比对

（扫封底或勒口处二维码看彩图）

## 三、柑橘和拟南芥 SOD 家族的系统发育和共线性分析

使用 13 个柑橘序列、8 个拟南芥序列和 9 个番茄序列构建了一个无根的最大似然系统发育树［图 14-3（a）］。系统发育树表明，SOD 蛋白分为Ⅰ、Ⅱ、Ⅲ和Ⅳ四个簇，三个物种的同源物在四个簇中分布不均。CsSOD 蛋白在树中的分布与其金属辅因子类型一致：Cu/Zn-SODs（CsSOD01 ～ 07 和 13）属于Ⅳ组；Fe/Mn-SODs（CsSOD09 ～ 11）聚集在Ⅰ组中；

CsSOD12 属于Ⅱ组；CsSOD08 和 SiSOD08 共同组成Ⅲ组。对柑橘和拟南芥同源物基因的检测表明，三种 CsSOD 在拟南芥中均有同源基因，并且这些直系同源基因对可能具有相似的功能［图 14-3（a）］。此外，通过对柑橘和拟南芥 SOD 基因的共线性分析验证了三对直系同源物［图 14-3（b）］。

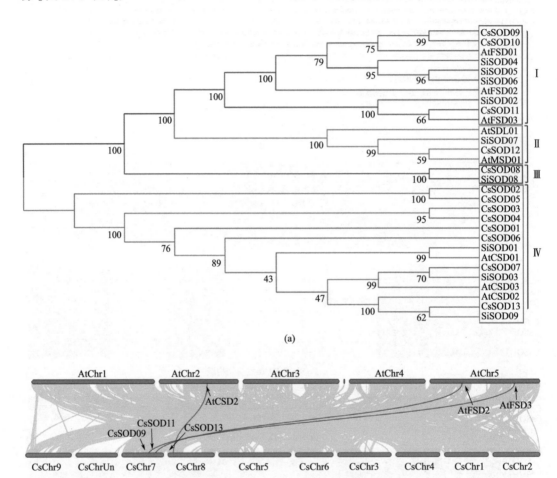

图14-3　拟南芥和柑橘 SOD 家族的系统发育和共线性分析

（a）拟南芥和柑橘中 SOD 家族蛋白的系统发育分析。SiSOD01～09：番茄 SOD；AtSOD01～08：拟南芥 SOD；CsSOD01～13：甜橙 SOD。分支按比例绘制，长度对应于每个位点的替换数。四个簇Ⅰ、Ⅱ、Ⅲ和Ⅳ由不同的线条颜色表示。（b）CsSODs 和 AtSODs 之间的共线性分析。红线连接柑橘和拟南芥之间的同源基因

（扫封底或勒口处二维码看彩图）

## 四、柑橘 SOD 家族蛋白的保守序列分析

通过 MEME 在柑橘 SOD 蛋白中鉴定出 11 个保守蛋白序列（图 14-4）。根据 Pfam 结构域预测，CsSOD 分为两类，每一类都包含完全不同的序列。在 Cu/Zn-SOD（CsSOD01～07 和13）中观察到序列 2，除 CsSOD01 外，所有其他 Cu/Zn-SOD 均包含序列 6。Fe/Mn-SOD 包含三个基序：基序 3、基序 4 和基序 10，而基序 5、基序 7 和基序 9 为 Fe/Mn-SOD 所共有。

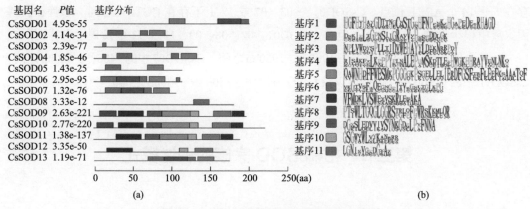

图 14-4　柑橘 SOD 家族蛋白的保守序列分析

（a）柑橘 SOD 家族蛋白的保守基序，不同的基序由不同颜色表示；（b）11 个保守基序的序列

（扫封底或勒口处二维码看彩图）

## 五、柑橘 SOD 基因启动子中的顺式元件和转录因子结合位点分析

为了研究 CsSOD 基因对胁迫信号的响应机制及其调控模式，利用 PlantCARE 对所有基因启动子（ATG 上游 2000bp）进行分析，以识别可能的顺式元件。利用 JASPAR 研究启动子中是否存在转录因子结合位点。PlantCARE 结果表明，CsSOD 启动子中存在相对大量的光响应顺式元件、胁迫相关元件和激素响应顺式元件［图 14-5（a）］。激素响应顺式元件均匀分布在 CsSOD01 ～ 05 和 07 的启动子上，位于 CsSOD06 的前 1000bp 以及 CsSOD08、09、12 和 13 的最后 1000bp［图 14-5（a）］。值得注意的是，与植物抗病信号相关的三种植物激素反应元件，即 JA 反应元件（CGTCA-motif）、ABA 反应元件（ABRE）和 SA 反应元件（TCA-element）在 13 个基因中分布不均。除了 CsSOD04 和 CsSOD13 之外，所有 CsSOD 启动子上都

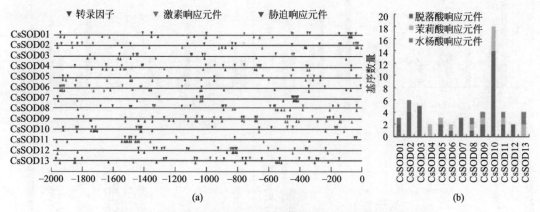

图 14-5　柑橘 SOD 基因启动子中的顺式作用元件和转录因子结合位点

（a）柑橘 SOD 启动子区域中的顺式作用元件和转录因子结合位点，具有相同或相似功能的

顺式元件以相同的颜色显示；（b）柑橘 SOD 启动子中的激素响应顺式元件

（扫封底或勒口处二维码看彩图）

存在 1～14 个 ABRE 位点。CsSOD01～03、07 或 12 上不存在 CGTCA 序列。尽管在该基因家族中很少发现 TCA 元件，但在 CsSOD01、02、08、09、11 和 13 中发现了它［图 14-5（b）］。结合位点在 CsSOD06 中的 -1900～-1950bp 之间，CsSOD07 中的 -400～-500bp 之间，CsSOD11 中的 -1400～-1600bp 以及 CsSOD12 中的 -800～-900bp 之间。

# 第三节　柑橘 SOD 家族的表达模式

## 一、柑橘溃疡病菌诱导的柑橘 SOD 家族表达模式

通过 qRT-PCR 研究了 Xcc 感染对晚锦橙和金柑 CsSOD 基因表达的影响。结果发现，在 Xcc 感染过程中，CsSOD 基因要么被诱导、要么被抑制（图 14-6）。在抗溃疡病金柑品种中，

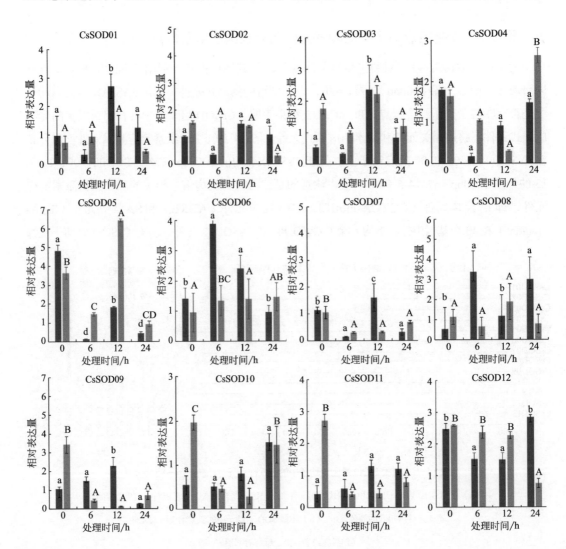

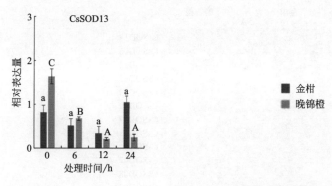

图 14-6　*Xcc* 诱导柑橘 SOD 的表达模式

CsSOD01～03、05 和 07 在感染 6h 后表达量低，12h 后表达量增加，实验结束时表达量降低。然而，这种降低在 CsSOD04 中没有发现。CsSOD09 的表达量先升高后降低，而 CsSOD13 的表达量则呈现相反的趋势。相比之下，在溃疡敏感的晚锦橙中，CsSOD07 和 CsSOD09～13 表达量均显著下调，而 CsSOD01、03 和 05 在 12h 时表达量最高。有趣的是，CsSOD03 在晚锦橙和金柑中的表达模式相似，而 CsSOD11 在两个品种中的表达完全不同。

两个品种的比较表明，金柑中 CsSOD06 的表达水平先升高后降低，在 6h 达到最高水平，而在晚锦橙中则没有明显的变化。在 6h 和 24h，金柑中 CsSOD08 的表达显著上调，与晚锦橙的趋势相反。由于金柑是抗溃疡病的品种，我们推测 CsSOD06 和 08 的功能可能与抗溃疡病有关。

## 二、植物激素诱导的 CsSOD 表达模式

在用植物激素 SA、MeJA 和 ABA 处理后，进一步分析了 CsSODs 的表达谱。SA 诱导 6h 后，金柑中 CsSOD01、03、06、07、09～13 和晚锦橙中 CsSOD02、04 均表达。所有 CsSOD 基因的表达都有不同的表达模式［图 14-7（a）］。在 ABA 诱导下，金柑中的 CsSOD13、12、10、05、06、07、03、02、01 表达量在 36h 时上升，而 CsSOD04、08 和 CsSOD11 在 48h 时表达量上升。在晚锦橙中 CsSOD02、05、09 和 10 的表达量下降。值得注意的是，CsSOD06 和 CsSOD08 在金柑和晚锦橙中的表达量均逐渐上升［图 14-7（b）］。MeJA 处理后，金柑 12h 时 CsSOD13、12、10、06、09、01 表达量最高，晚锦橙 48h 时 Cs-SOD03、04 表达量最高。CsSOD10 表达水平稳步上升，在晚锦橙中 48h 达到最高［图 14-7（c）］。总体而言，大多数 SOD 基因的表达被植物激素显著改变。

## 三、CsSOD06 和 CsSOD08 的瞬时表达

我们构建了 CsSOD06 和 08 的过表达载体，用于在晚锦橙叶片中瞬时表达。农杆菌感染 5 天后，CsSOD06 和 08 的表达显著增加［图 14-8（a）］。过表达 CsSOD06 和 08 的叶片中 $H_2O_2$ 含量和 SOD 活性均显著增加，而与对照叶片相比超氧阴离子（OFR）含量降低［图 14-8（b）～（d）］。这些结果表明柑橘叶片的活性氧含量受 CsSOD06 和 08 过表达的影响。此外，CsSOD08 的影响大于 CsSOD06 的影响。综上所述，CsSOD06 和 CsSOD08 可能通过调节 ROS 平衡参与 *Xcc* 和植物激素响应。

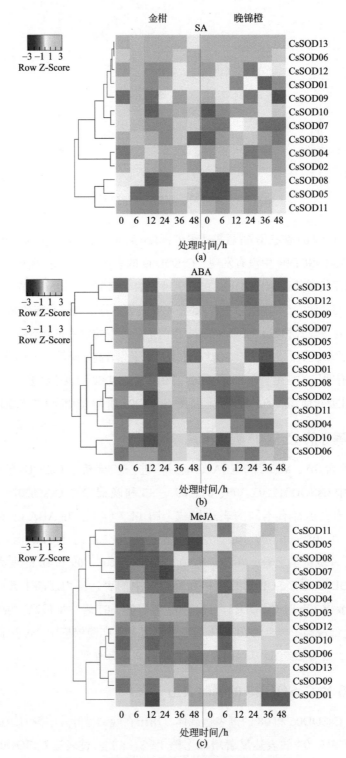

图 14-7　柑橘 SOD 家族响应植物激素的表达模式

Row Z-score：数据归一化值

（a）SA 处理；（b）ABA 处理；（c）MeJA 处理

（扫封底或勒口处二维码看彩图）

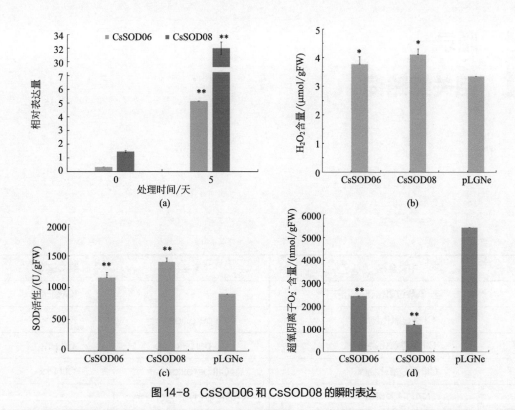

**图 14-8　CsSOD06 和 CsSOD08 的瞬时表达**

（a）瞬时表达 5 天后晚锦橙叶片中 CsSOD06 和 CsSOD08 的表达水平；（b）CsSOD06 和 CsSOD08 过表达细胞中的 $H_2O_2$ 含量；

（c）CsSOD06 和 CsSOD08 过表达细胞中的 SOD 活性；（d）CsSOD0-6 和 CsSOD08 过表达细胞中的超氧阴离子 $O_2^{\cdot-}$ 的含量

# 附录一
## 相关缩略词

| 中文全称 | 英文全称 | 英文缩写 |
|---|---|---|
| 1- 半胱氨酸过氧化还原蛋白 | — | 1CysPrx |
| CI 类过氧化物酶 | CI peroxidase | CI Prx |
| CII 类过氧化物酶 | CII peroxidase | CII Prx |
| CIII 类过氧化物酶 | CIII peroxidase | CIII Prx |
| NADH 脱氢酶 | NADH dehydrogenase | — |
| NADPH 氧化酶 | NADPH oxidase | Nox |
| $N-$ 甲基犬尿氨酸 | $N-$formylkynurenine PSⅠ electronics | — |
| PSⅠ电子循环 | recycling | — |
| RuBP 羧化酶 / 加氧酶 | Rubisco | — |
| $\alpha$ - 吡咯烷酮 | $\alpha$ -pyrrolidone | — |
| $\alpha$ - 螺旋 | $\alpha$ -helix | — |
| $\alpha$ - 双加氧酶 | dioxygenase | DiOx |
| $\beta$ - 转角 | $\beta$ -turn | — |
| 半胱氨酸 | cysteine | Cys |
| 表达序列标签 | expressed sequence tag | EST |
| 丙二醛 | malondialdehyde | MDA |
| 不稳定指数 | instability index | Ⅱ |
| 差异表达基因 | differently expressed genes | DEGs |
| 超氧化物歧化酶 | superoxide dismutase | SOD |

续表

| 中文全称 | 英文全称 | 英文缩写 |
|---|---|---|
| 超氧阴离子 | superoxide anion | $O_2^-$ |
| 臭氧 | ozone | $O_3$ |
| 串联复制 | tandem duplication | TD |
| 从头预测 | ab initio prediction | — |
| 从头组装 | de novo assembly | — |
| 担子菌纲 | Basidiomycetae | — |
| 单线态氧 | singlet oxygen | $1O_2$ |
| 蛋白激酶 C | protein kinase C protein-protein | PKC |
| 蛋白质相互作用 | interaction | PPI |
| 等电点 | isoelectric point | p*I* |
| 典型的 2- 半胱氨酸过氧还蛋白 | — | 2CysPrx |
| 定量反转录聚合酶链式反应 | quantitative RT-PCR | qRT-PCR |
| 二氧化碳 | carbon dioxide | $CO_2$ |
| 泛醌 | ubiquinone | UQ |
| 非典型 2- 半胱氨酸过氧还蛋白 II 型 | — | PrxII |
| 非典型 2- 半胱氨酸过氧还蛋白 Q 型 | — | PrxQ |
| 非动物过氧化物酶 | non-animal peroxidase | — |
| 非同义突变 | nonsynonymous | Ka |
| 分子量 | molecular weight | Mw |
| 芬顿反应 | Fenton's reaction mannitol-1-phosphate | — |
| 甘露醇 -1- 磷酸脱氢酶 | dehydrogenase | — |
| 柑橘细菌溃疡病 | *citrus* canker disease | CCD |
| 谷胱甘肽过氧化物酶 | glutathione peroxidase | GPX |
| 光合系统 I | photosynthesis system I | PSI |
| 光合系统 II | photosynthesis system II | PSII |
| 过敏反应 | hypersensitivity reaction | HR |
| 过氧化氢 | hydrogen peroxide | $H_2O_2$ |
| 过氧化氢酶 | catalase | Cat |

| 中文全称 | 英文全称 | 英文缩写 |
|---|---|---|
| 过氧化物酶 | peroxidase | POD |
| 过氧化物酶体 | peroxisomal | — |
| 过氧化物氧还蛋白 | peroxiredoxin | — |
| 过氧化循环 | peroxidaditive cycle | — |
| 哈伯·韦斯反应 | Haber-Weiss's reaction | — |
| 呼吸爆发 | respiratory burst | — |
| 呼吸爆发氧化酶同源物 | respiratory burst oxidase homolog | Rboh |
| 壶菌 | chytrid *xanthomonas citri* | — |
| 黄单胞杆菌柑橘亚种 | subsp. *citri* | *Xcc* |
| 黄嘌呤氧化酶 | xanthine oxidase | XOD |
| 黄素二磷酸腺苷酸 | flavin adenosine dinucleotide | FAD |
| 磺基丙氨酸 | cysteic acid | — |
| 活性氮 | reactive nitrogen species | RNS |
| 活性氧 | reactive oxygen species | ROS |
| 甲硫氨酸亚砜 | methionine sulfoxide | — |
| 假基因 | pseudogene | — |
| 假基因化 | pseudogenization | — |
| 接种后的时间（小时） | hours post infection | hpt |
| 节段复制 | segemental duplication | SD |
| 经典内含子 | classical intron | IntC |
| 聚合酶链式反应 | polymerase chain reaction | PCR |
| 卡尔文–本森循环 | Calvin-Benson cycle | CBC |
| 开放阅读框 | open reading frame | ORF |
| 抗坏血酸 | ascorbic acid | AsA |
| 抗坏血酸过氧化物酶 | ascorbate peroxidase | APX |
| 抗坏血酸过氧化物酶–细胞色素 c 过氧化物酶 | ascorbate peroxidase-cytochrome c oxidase ascorbate peroxidase | APX-CcP |
| 抗坏血酸过氧化物酶相关蛋白 | related protein | APX-R |

| 中文全称 | 英文全称 | 英文缩写 |
|---|---|---|
| 链藻 | streptophyte algae | — |
| 邻接进化树 | neighbor-joining tree | NJ tree |
| 磷酸核酮糖激酶 | ribulose-5-P-kinase | PRK |
| 绿色荧光蛋白 | green fluorescent protein | GFP |
| 绿藻 | chlorophyte algae | — |
| 马尔可夫模型 | Markov model | HMM |
| 锰过氧化物酶 | manganese peroxidas | MnP |
| 米勒反应 | mehler's reaction | MR |
| 茉莉酸甲酯 | methyl jasmonate | MeJA |
| 木质素过氧化物酶 | lignin peroxidase | LiP |
| 泊松模型 | Poisson model | — |
| 羟基循环 | hydroxylic cycle | — |
| 羟自由基 | hydroxy radical | ·OH |
| 全基因组复制 | whole genome duplication | WGD |
| 三磷酸腺苷 | adenosinetriphosphate | ATP |
| 亲水性平均系数 | grand average of hydropathicity | GRAVY |
| 水平基因转移 | horizontal gene transfer | HGT |
| 水杨酸 | salicylic acid | SA |
| 髓过氧化物酶 | myeloperoxidase | MPO |
| 同义突变 | synonymous | Ks |
| 同源预测 | homology-based | — |
| 脱落酸 | abscisic acid | ABA |
| 无功能化 | nonfunctionallization | — |
| 五羟色氨酸 | 5-hydroxytryptophan | 5-HTP |
| 稀有内含子 | rare intron | IntR |
| 细胞色素 c 过氧化物酶 | cytochrome c oxidase | CcP |

续表

| 中文全称 | 英文全称 | 英文缩写 |
|---|---|---|
| 亿年前 | million years ago | Mya |
| 愈创木酚 | guaiacol | — |
| 脂肪指数 | aliphatic index | AI |
| 脂质过氧化物 | lipid peroxide | LPO |
| 转录组测序 | RNA sequence | RNAseq |
| 子囊菌纲 | Ascomycetae | — |
| 最大似然法 | maximum likelihood | ML |

# 附录二
## 相关软件、程序和数据库

| 名称 | 功能 |
| --- | --- |
| Beast | 进化历史分析 |
| Blast | 序列比对 |
| CAP3 | 查找基因序列 |
| CAP | 柑橘基因组数据库 |
| Cello | 蛋白亚细胞定位预测 |
| Chromodraw | 染色体定位 |
| Circos | 正交群可视化 |
| ClWOG | 基因结构分析 |
| ClustalW | 序列比对 |
| DNAsp | Ka/Ks 比率计算 |
| ExPASy | 蛋白理化性质分析 |
| ExpressWeb | 构建共表达基因网络 |
| Fgenesh++ | 基因注释工具 |
| GECA | 基因结构分析 |
| GSDS | 基因结构可视化 |
| Jaspar | 预测 TFs 互作位点 |
| JGI | 基因组数据库 |
| Kazusa | 植物基因组数据库 |
| MAFFT | 序列比对 |
| MapChart | 染色体定位可视化 |

续表

| 名称 | 功能 |
| --- | --- |
| MCScanX | 基因组共线性分析 |
| Mega | 序列比对和进化分析 |
| MEME | 蛋白保守结构基序分析 |
| NCBI | 生物技术信息数据库 |
| Orthogroup | 正交群分析 |
| PeroxiBase | 过氧化物酶数据库 |
| PeroxiBase II | PeroxiBase 的副本 |
| PeroxiScan | 过氧化物酶进行分类 |
| Pfam | 蛋白结构域分析 |
| PhyML | 系统发育分析 |
| Phytozome | 植物基因组数据库 |
| PlantCare | 分析启动子顺式元件 |
| ProtParam | 分析蛋白理化性质 |
| RedOxiBase | 氧化还原酶基因数据库 |
| Scipio | 基因注释工具 |
| SignalP | 蛋白信号肽预测 |
| SMART | 蛋白结构域分析 |
| SPSS | 显著性分析 |
| String | 蛋白互作网络分析 |
| Swiss-PdbViewer | 蛋白 3D 结构可视化 |
| TAIR | 拟南芥数据库 |
| TBTools | 基因家族分析 |
| TMHMM | 蛋白跨膜结构预测 |
| UniProt | 蛋白序列数据库 |
| Weblogo | 序列比对结果可视化 |
| Wolf Psort | 蛋白亚细胞定位预测 |

# 附录三

# 与本研究相关的论文

* 通讯作者 # 同等贡献

Fawal N#，Li Q#，Savelli B#，Brette M，Passaia G，Fabre M，Mathé C，Dunand C*. PeroxiBase：a database for large-scale evolutionary analysis of peroxidases. Nucleic Acids Res，2013，41（Database issue）：D441-D444.

Fawal N，Li Q，Mathé C，Dunand C*. Automatic multigenic family annotation：risks and solutions. Trends Genet，2014，30（8）：323-325.

Li Q#，Yu H#，Cao P B#，Fawal N#，Mathé C，Azar S，Cassan-Wang H，Myburg A A，Grima-Pettenati J，Marque C，Teulières C，Dunand C*. Explosive tandem and segmental duplications of multigenic families in eucalyptus grandis. Genome Biol Evol，2015，7（4）：1068-1081.

Li Q，Dou W，Qi J，Qin X，Chen S*，He Y*. Genomewide analysis of the CⅢ peroxidase family in sweet orange（*Citrus sinensis*）and expression profiles induced by *Xanthomonas citri* subsp. *citri* and hormones. J Genet，2020，99：10.

Li Q，Qi J，Qin X，Dou W，Dunand C，Chen S*，He Y*. CsPrx25, a class Ⅲ peroxidase in *Citrus sinensi*s，confers resistance to citrus bacterial canker through the maintenance of ROS homoeostasis and cell wall lignification. Hort Res，2020，7：192.

Li Q，San Clemente H，He Y，Fu Y，Dunand C*. Global evolutionary analysis of 11 gene families part of reactive oxygen species（ROS）gene network in four eucalyptus species. Antioxidants，2020，9（3）：257.

Mbadinga Mbadinga D#，Li Q#，Ranocha P，Martinez Y，Dunand C*. Global analysis of non-animal peroxidases provides insights into the evolutionary basis of this gene family in green lineage. J Exp Bot，2020，71（11）：3350–3360.

Savelli B，Li Q，Webber M，Jemmat A M，Robitaille A，Zamocky M，Mathé C，Dunand C*. RedoxiBase：A database for ROS homeostasis regulated proteins. Redox Biol，2019，26：101247.

祁静静，秦秀娟，谢宇，陈善春，何永睿 *，李强 *. 过氧化氢酶基因 CsKat01 与柑橘溃疡病相关性分析 . 园艺学报，2021，48（1）：26-36.

秦秀娟，祁静静，窦万福，陈善春，何永睿 *，李强 *. 柑橘 Rboh 家族鉴定及其对激素和柑橘溃疡病的响应 . 中国农业科学，2020，53（20）：4189-4203.

# 参考文献

[1] Adak S, Datta A. Leishmania major encodes an unusual peroxidase that is a close homologue of plant ascorbate peroxidase: a novel role of the transmembrane domain. Biochem J, 2005, 390: 465-474.

[2] Bailey T L, Boden M, Buske F A, Frith M, Grant C E, Clementi L, Ren J, Li W W, Noble W S. MEME suite: tools for motif discovery and searching. Nucleic Acids Res, 2009, 37: W202-208.

[3] Blee K A, Choi J W, O'Connell A P, Schuch W, Lewis N G, Bolwell G P. A lignin-specific peroxidase in tobacco whose antisense suppression leads to vascular tissue modification. Phytochemistry, 2003, 64: 163-176.

[4] Chen F C, Chen C J, Li W H, Chuang T J. Gene family size conservation is a good indicator of evolutionary rates. Mol Biol Evol, 2010, 27 (8): 1750-1758.

[5] Chen F, Hu Y, Yannozzi A, Wu K, Cai H, Qin Y, Mullis A, Lin Z, Zhang L. The WRKY transcription factor family in model plants and crops. CRC Crit Rev Plant Sci, 2018, 36 (5): 1-25.

[6] Cheng C X, Xu X Z, Gao M, Li J, Guo C L, Song J Y, Wang X P. Genome-wide analysis of respiratory burst oxidase homologs in grape (*Vitis vinifera* L.). Int J Mol Sci, 2013, 14 (12): 24169-24186.

[7] Choi H W, Kim Y J, Lee S C, Hong J K, Hwang B K. Hydrogen peroxide generation by the pepper extracellular peroxidase CaPO2 activates local and systemic cell death and defense response to bacterial pathogens. Plant Physiol, 2007, 145: 890-904.

[8] Cosio C, Dunand C. Transcriptome analysis of various flower and silique development stages indicates a set of class III peroxidase genes potentially involved in pod shattering in *Arabidopsis thaliana*. BMC Genomics, 2010, 11: 528.

[9] Daudi A, Cheng Z, O'Brien J A, Mammarella N, Khan S, Ausubel F M, Bolwell G P. The apoplastic oxidative burst peroxidase in *Arabidopsis* is a major component of pattern-triggered immunity. Plant Cell, 2012, 24: 275-287.

[10] Derr L K, Strathern J N, Garfinkel D J. RNA-mediated recombination in S. *cerevisiae*. Cell, 1991, 67(2): 355-364.

[11] Doolittle R F, Feng D F, Tsang S, Cho G, Little E. Determining divergence times of the major kingdoms of living organisms with a protein clock. Science, 1996, 271 (5248): 470-477.

[12] dos Reis M, Yang Z. Approximate likelihood calculation on a phylogeny for Bayesian estimation of divergence times. Mol Biol Evol, 2011, 28 (7), 2161-2172.

[13] Drummond A J, Rambaut A. Beast: bayesian evolutionary analysis by sampling trees. BMC Evol Biol, 2007, 7: 214.

[14] Easteal S, Herbert G. Molecular evidence from the nuclear genome for the time frame of human evolution. J Mol Evol, 1997, 44: S121-132.

[15] Fawal N, Li Q, Savelli B, Brette M, Passaia G, Fabre M, Mathé C, Dunand C. PeroxiBase: a database for large-scale evolutionary analysis of peroxidases. Nucleic Acids Res, 2013, 41 (Database issue): D441-444.

[16] Fawal N, Savelli B, Dunand C, Mathé C. GECA: a fast tool for gene evolution and conservation analysis in eukaryotic protein families. Bioinformatics, 2012, 28: 1398-1399.

[17] Goecks J, Nekrutenko A, Taylor J, Galaxy T. Galaxy: a comprehensive approach for supporting accessible, reproducible, and transparent computational research in the life sciences. Genome Biol, 2010,11: R86.

[18] Hedges S B, Dudley J, Kumar S. TimeTree: a public knowledge-base of divergence times among organisms. Bioinformatics, 2006, 22 (23): 2971-2972.

[19] Hu B, Jin J, Guo A Y, Zhang H, Luo J, Gao G. GSDS 2.0: an upgraded gene features visualization server. Bioinformatics, 2015, 31: 1296-1297.

[20] Jiang M Y, Zhang J H. Involvement of plasma membrane NADPH oxidase in abscisic acid and water stress-induced antioxidant defense in leaves of maize seedlings. Planta, 2002, 215 (6): 1022-1030.

[21] Kaur G, Pati P K. Analysis of cis-acting regulatory elements of respiratory burst oxidase homolog (Rboh) gene families in Arabidopsis and rice provides clues for their diverse functions. Comput Biol Chem, 2016, 62: 104-118.

[22] Kaur G, Sharma A, Guruprasad K, Pati P K. Versatile roles of plant NADPH oxidases and emerging concepts. Biotechnol, 2014, 32 (3): 551-563.

[23] Keller O, Odronitz F, Stanke M, Kollmar M, Waack S. Scipio: using protein sequences to determine the precise exon/intron structures of genes and their orthologs in closely related species. BMC Bioinformatics, 2008, 9: 278.

[24] Keller T, Damude H G, Werner D, Doerner P, Dixon R A, Lamb C. A plant homolog of the neutrophil NADPH oxidase gp91phox subunit gene encodes a plasma membrane protein with $Ca^{2+}$ binding mot if s. The Plant Cell, 1998, 10 (2): 255-266.

[25] Kidwai M, Dhar Y V, Gautam N, Tiwari M, Ahmad I Z, Asif M H, Chakrabarty D. *Oryza sativa* class Ⅲ peroxidase (OsPrx38) overexpression in *Arabidopsis thaliana* reduces arsenic accumulation due to apoplastic lignification. J Hazard Mater, 2019, 362: 383-393.

[26] Kobayashi M, Ohura I, Kawakita K, Yokota N, Fujiwara M, Shimamoto K, Doke N, Yoshioka H. Calcium-dependent protein kinases regulate the production of reactive oxygen species by potato NADPH oxidase. The Plant Cell, 2007, 19 (3): 1065-1080.

[27] Krzywinski M, Schein J, Birol I, Connors J, Gascoyne R, Horsman D, Jones S J, Marra M A. Circos: an information aesthetic for comparative genomics. Genome Res, 2009, 19: 1639-1645.

[28] Kumar S, Hedges S B. A molecular timescale for vertebrate evolution. Nature, 1998, 392 (6679): 917-920.

[29] Kumar S, Jaggi M, Sinha A K. Ectopic overexpression of vacuolar and apoplastic catharanthus roseus peroxidases confers differential tolerance to salt and dehydration stress in transgenic tobacco. Protoplasma, 2012, 249: 423-432.

[30] Kumar S, Stecher G, Tamura K. Mega7: Molecular evolutionary genetics analysis version 7.0 for bigger datasets. Mol Biol Evol, 2016, 33: 1870-1874.

[31] Kwon M, Chong S, Han S, Kim K. Oxidative stresses elevate the expression of cytochrome peroxidase in *Saccharomyces cerevisiae*. Biochim Biophys Acta, 2003, 1623: 1-5.

[32] Lazzarotto F, Turchetto-Zolet A, Margis-Pinheiro M. Revisiting the non-animal peroxidase superfamily. Trends Plant Sci, 2015, 20: 807-813.

[33] Li Q, San-Clemente H, He Y, Fu Y, Dunand C. Global evolutionary analysis of 11 gene family's part of reactive oxygen species (ROS) gene network in four *Eucalyptus species*. Antioxidants, 2020, 9: 19.

[34] Li Q, Yu H, Cao P, Fawal N, Mathé C, Azar S, Cassan-Wang H, Myburg A A, Grima-Pettenati J, Marque C, Teulières C, Dunand C. Explosive tandem and segmental duplications of multigenic families in *Eucalyptus grandis*. Genome Biol Evol, 2015, 7: 1068-1081.

[35] Lightfoot D J, Boettcher A, Little A, Shirley N, Able A J. Identification and characterization of barley (*Hordeum vulgare*)

respiratory burst oxidase homologue family members. Funct Plant Biol, 2008, 35 (5): 347-359.

[36] Lim L, McFadden G. The evolution, metabolism, and functions of the apoplast. (Philos Trans R Soc Lond B Biol Sci, 2010, 365: 749-763.

[37] Lin F, Ding H, Wang J, Zhang H, Zhang A, Zhang Y, Tan M, Dong W, Jiang M. Positive feedback regulation of maize NADPH oxidase by mitogen-activated protein kinase cascade in abscisic acid signaling. J Exp Bot, 2009, 60 (11): 3221-3238.

[38] Llorente F, Lopez-Cobollo R M, Catala R, Martinez-Zapater J M, Salinas J. A novel cold-inducible gene from Arabidopsis, RCI3, encodes a peroxidase that constitutes a component for stress tolerance. Plant J, 2002, 32: 13-24.

[39] Marino D, Andrio E, Danchin E G, Oger E, Gucciardo S, Lambert A, Puppo A, Pauly N. A Medicago truncatula NADPH oxidase is involved in symbiotic nodule functioning. New Phytol, 2011, 189 (2): 580-592.

[40] Maruta T, Tanouchi A, Tamoi M, Yabuta Y, Yoshimura K, Ishikawa T, Shigeoka S. Arabidopsis chloroplastic ascorbate peroxidase isoenzymes play a dual role in photoprotection and gene regulation under photooxidative stress. Plant Cell Physiol, 2010, 51 (2): 190-200.

[41] Mathé C, Barre A, Jourda C, Dunand C. Evolution, and expression of class Ⅲ peroxidases. Arch Biochem Biophys, 2010, 500 (1): 58-65.

[42] Mathé C, Fawal N, Roux C, Dunand C. In silico definition of new ligninolytic peroxidase sub-classes in fungi and putative relation to fungal life style. Sci Rep, 2019, 9 (1): 20373.

[43] Miyake C, Michihata F, Asada K. Scavenging of hydrogen peroxide in prokaryotic and eukaryotic algae: Acquisition of ascorbate peroxidase during the evolution of *cyanobacteria*. Plant Cell Physiol, 1991, 32 (1): 33-43.

[44] Muller K, Linkies A, Leubner-Metzger G, Kermode A R. Role of a respiratory burst oxidase of *Lepidium sativum* (cress) seedlings in root development and auxin signaling. J Exp Bot, 2012, 63 (18): 6325-6334.

[45] Myburg A A, Grattapaglia D, Tuskan G A, Hellsten U, Hayes R D, Grimwood J, Jenkins J, Lindquist E, Tice H, Bauer D, Goodstein D M, Dubchak I, Poliakov A, Mizrachi E, Kullan A R K, Hussey S G, Pinard D, van der Merwe K, Singh P, van Jaarsveld I, Silva-Junior O B, Togawa R C, Pappas M R, Faria D A, Sansaloni C P, Petroli C D, Yang X, Ranjan P, Tschaplinski T J, Ye C, Li T, Sterck L, Vanneste K, Murat F, Soler M, Clemente H S, Saidi N, Cassan-Wang H, Dunand C, Hefer CA, Bornberg-Bauer E, Kersting A R, Vining K, Amarasinghe V, Ranik M, Naithani S, Elser J, Boyd A E, Liston A, Spatafora J W, Dharmwardhana P, Raja R, Sullivan C, Romanel E, Alves-Ferreira M, Külheim C, Foley W, Carocha V, Paiva J, Kudrna D, Brommonschenkel S H, Pasquali G, Byrne M, Rigault P, Tibbits J, Spokevicius A, Jones R C, Steane D A, Vaillancourt R E, Potts B M, Joubert F, Barry K, Pappas G J, Strauss S H, Jaiswal P, Grima-Pettenati J, Salse J, Van de Peer Y, Rokhsar D S, Schmutz J. The genome of *eucalyptus grandis*. Nature, 2014, 509 (7505): 356-362.

[46] Najami N, Janda T, Barriah W, Kayam G, Tal M, Guy M, Volokita M. Ascorbate peroxidase gene family in tomato: its identification and characterization. Mol Genet: MGG, 2007, 279 (2): 171-182.

[47] Nei M, Nozawa M. Roles of mutation and selection in speciation: from Hugo de Vries to the modern genomic era. Genome Biol Evol, 2011, 3: 812-829.

[48] Nei M, Xu P, Glazko G. Estimation of divergence times from multiprotein sequences for a few mammalian species and several distantly related organisms. PNAS, 2001, 98 (5): 2497-2502.

[49] Orozco-Cárdenas M L, Narváez-Vásquez J, Ryan C A. Hydrogen peroxide acts as a second messenger for the induction of defense genes in tomato plants in response to wounding, systemin, and methyl jasmonate. The Plant cell, 2001, 13 (1):

179-191.

[50] Ozyigit I I, Filiz E, Vatansever R, Kurtoglu K Y, Koc I, Öztürk M X, Anjum N A. Identification and comparative analysis of $H_2O_2$-scavenging enzymes (ascorbate peroxidase and glutathione peroxidase) in selected plants employing bioinformatics approaches. Front Plant Sci, 2016, 7: 301.

[51] Passardi F, Longet D, Penel C, Dunand C. The class Ⅲ peroxidase multigenic family in rice and its evolution in land plants. Phytochemistry, 2004, 65 (13): 1879-1893.

[52] Richard B C, Vineeth S, Robert H, Stefan M M, Hermine H B. HMMerThread: detecting remote, functional conserved domains in entire genomes by combining relaxed sequence-database searches with fold recognition. PLoS One, 2011, 6 (3): e17568.

[53] Rozas J, Rozas R. Dna S P. DNA sequence polymorphism: an interactive program for estimating population genetics parameters from DNA sequence data. Bioinformatics, 1995, 11 (6): 621-625.

[54] Sagi M, Davydov O, Orazova S, Yesbergenova Z, Ophir R, Stratmann J W, Fluhr R. Plant respiratory burst oxidase homologs impinge on wound responsiveness and development in *Lycopersicon esculentum*. The Plant cell, 2004, 16 (3): 616-628.

[55] Sagi M, Fluhr R. Production of reactive oxygen species by plant NADPH oxidases. Plant Physiol, 2006, 141 (2): 336-340.

[56] Saito N, Munemasa S, Nakamura Y, Shimoishi Y, Mori I C, Murata Y. Roles of RCN1, regulatory A subunit of protein phosphatase 2A, in methyl jasmonate signaling and signal crosstalk between methyl jasmonate and abscisic acid. Plant Cell Physiol, 2008, 49 (9): 1396-1401.

[57] Savelli B, Li Q, Webber M, Jemmat A M, Robitaille A, Zamocky M, Mathé C, Dunand C. RedoxiBase: A database for ROS homeostasis regulated proteins. Redox biology, 2019, 26: 101247.

[58] Schaad N W, Postnikova E, Lacy G H, Sechler A, Agarkova I, Stromberg P E, Stromberg V K, Vidaver A K. Reclassification of *Xanthomonas campestris* pv. *citri* (ex Hasse 1915) dye 1978 forms A, B/C/D, and E as *X. smithii* subsp. *citri* (ex Hasse) sp. nov. nom. rev. comb. nov., *X. fuscans* subsp. *aurantifolii* (ex Gabriel 1989) sp. nov. nom. rev. comb. nov., and *X. alfalfae* subsp. *citrumelo* (ex Riker and Jones) Gabriel et al., 1989 sp. nov. nom. rev. comb. nov.; *X. campestris* pv *malvacearum* (ex Smith 1901) Dye 1978 as *X. smithii* subsp. *smithii* nov. comb. nov. nom. nov.; *X. campestris* pv. *alfalfae* (ex Rik. Syst Appl Microbiol, 2005, 28 (6): 494-518.

[59] Semchuk N M, Lushchak O V, Falk J, Krupinska K, Lushchak V I. Inactivation of genes, encoding tocopherol biosynthetic pathway enzymes, results in oxidative stress in outdoor grown *Arabidopsis thaliana*. Plant Physiol Biochem, 2009, 47 (5): 384-390.

[60] Shen B, Jensen R G, Bohnert H J. Increased resistance to oxidative stress in transgenic plants by targeting mannitol biosynthesis to chloroplasts. Plant Physiol, 1997, 113 (4): 1177-1183.

[61] Si Y, Dane F, Rashotte A, Kang K, Singh N K. Cloning and expression analysis of the CcRboh gene encoding respiratory burst oxidase in Citrullus colocynthis and grafting onto *Citrullus lanatus* (watermelon). J Exp Bot, 2010, 61 (6): 1635-1642.

[62] Simon-Plas F, Elmayan T, Blein J. The plasma membrane oxidase NtRbohD is responsible for AOS production in elicited tobacco cells. Plant J, 2002, 31 (2): 137-147.

[63] Steffens B, Sauter M. Epidermal cell death in rice is confined to cells with a distinct molecular identity and is mediated

by ethylene and H$_2$O$_2$ through an autoamplified signal pathway. The Plant cell, 2009, 21 (1): 184-196.

[64] Tao C, Jin X, Zhu L, Xie Q, Wang X, Li H. Genome-wide investigation and expression profiling of APx gene family in gossypium hirsutum provide new insights in redox homeostasis maintenance during different fiber development stages. Mol Genet Genom, 2018, 293 (3): 685-697.

[65] Torres M A, Dangl J L, Jones J D G. Arabidopsis gp91phox homologues AtRbohD and AtRbohF are required for accumulation of reactive oxygen intermediates in the plant defense response. PNAS, 2002, 99 (1): 517-522.

[66] Torres M A, Onouchi H, Hamada S, Machida C, Hammond-Kosack K E, Jones J D G. Six Arabidopsis thaliana homologues of the human respiratory burst oxidase (gp91phox). Plant J, 1998, 14 (3): 365-370.

[67] Tsai I J, Otto T D, Berriman M. Improving draft assemblies by iterative mapping and assembly of short reads to eliminate gaps. Genome Biol, 2010, 11 (4): R41.

[68] Wang J, Chen D, Lei Y, Chang J, Hao B, Xing F, Li S, Xu Q, Deng X, Chen L. Citrus sinensis annotation project (CAP): a comprehensive database for sweet orange genome. PloS one, 2014, 9 (1): e87723.

[69] Wang W, Chen D, Zhang X, Liu D, Cheng Y, Shen F. Role of plant respiratory burst oxidase homologs in stress responses. Free Radic, 2018, 52 (8): 826-839.

[70] Wang Y, Li J, Paterson A H. MCScanX-transposed: detecting transposed gene duplications based on multiple colinearity scans. Bioinformatics, 2013, 29 (11): 1458-1460.

[71] Wilkerson M D, Ru Y, Brendel V P. Common introns within orthologous genes: software and application to plants. Brief Bioinform, 2009, 10 (6): 631-644.

[72] Xu Q, Chen L, Ruan X, Chen D, Zhu A, Chen C, Bertrand D, Jiao W, Hao B, Lyon M P, Chen J, Gao S, Xing F, Lan H, Chang J, Ge X, Lei Y, Hu Q, Miao Y, Wang L, Xiao S, Biswas M K, Zeng W, Guo F, Cao H, Yang X, Xu X, Cheng Y, Xu J, Liu J, Luo OJ, Tang Z, Guo W, Kuang H, Zhang H, Roose M L, Nagarajan N, Deng X, Ruan Y. The draft genome of sweet orange (*Citrus sinensis*). Nat Genet, 2013, 45 (1): 59-66.

[73] Yang Y, Ahammed G J, Wan C, Liu H, Chen R, Zhou Y. Comprehensive analysis of TIFY transcription factors and their expression profiles under jasmonic acid and abiotic stresses in watermelon. Int J Genomics, 2019, 2019: 6813086.

[74] Yoshioka H, Numata N, Nakajima K, Katou S, Kawakita K, Rowland O, Jones J D G, Doke N. *Nicotiana benthamiana* gp91phox homologs NbRbohA and NbRbohB participate in H$_2$O$_2$ accumulation and resistance to phytophthora infestans. The Plant cell, 2003, 15 (3): 706-718.

[75] Zhang H, Fang Q, Zhang Z, Wang Y, Zheng X. The role of respiratory burst oxidase homologues in elicitor-induced stomatal closure and hypersensitive response in *Nicotiana benthamiana*. J Exp Bot, 2009, 60 (11): 3109-3122.

[76] Zhang Q, Gorden J D, Goldsmith C R. C-H Oxidation by H$_2$O$_2$ and O$_2$ catalyzed by a non-heme iron complex with a sterically encumbered tetradentate N-donor ligand. Inorg Chem, 2013, 52 (23): 13546-13554.

[77] Zhang Z, Li J, Zhao X, Wang J, Wong G K, Yu J. KaKs_Calculator: calculating Ka and Ks through model selection and model averaging. Genomics Proteomics Bioinformatics, 2006, 4 (4): 259-263.

[78] Zhu G, Koszelak-Rosenblum M, Malkowski M G. Crystal structures of α-dioxygenase from *Oryza sativa*: insights into substrate binding and activation by hydrogen peroxide. Protein Sci, 2013, 22 (10): 1432-1438.

# 后记

## 一、主要结论

1. PeroxiBase 是一个动态发展的工作平台，十多年间，它经历了两次大的版本升级，不仅数据量大增，而且关注对象从过氧化物酶扩增到 ROS 稳态调节的所有蛋白质。同时，数据库中新开发了或升级了若干实用的工具，使 ROS 调节蛋白质家族的注释、比较、进化研究变得可行。依托这个数据库，对多个 ROS 调节蛋白质家族进行了挖掘和进化分析，建立了多个层面的进化模型。

2. 随着核酸高通量测序技术的发展，越来越多的基因组完成测序。数据的爆炸式增长导致对自动注释过程的依赖增加。但这些自动注释过程会受到一些偏好性的影响，尤其在多基因家族的情况下，这种偏好性会加剧，因此需要从基于结构域、序列聚类、3D 结构和系统发育树的方法进行注释优化。过氧化物酶的自动注释中会出现很高的注释错误率，为此，我们构建了基于 PeroxiBase 和 Scipio 的过氧化物酶家族注释的专属流程。经测试，该流程可以有效提高过氧化物酶注释的质量，为物种的起源、进化研究提供了可靠的数据基础。

3. APX 可以在所有的叶绿体生物中检测到，CcP 可以在原生生物中检测到，但是在绿藻和陆生植物中不存在。同时 APX 和 CcP 含有相似的序列、3D 结构和保守区域。所以基于这些共同特性我们推断，APX 和 CcP 是起源于同一祖先。随着绿藻和轮藻的分化，CcP 消失并且伴随着 CⅢ Prx 的出现。同样，CⅢ Prx 与 CcP 也有相似的序列、基因结构、3D 结构和共同的结构域。所以我们认为在轮藻诞生分化之前，有一个物种中的 CcP 突变成 CⅢ Prx。也就是说，CⅢ Prx 起源于 CcP。CⅢ Prx 在陆生植物中的活性高于藻类，这与 CⅢ Prx 的基因数目相对应。

4. 桉树物种之间氧化还原酶基因的分析证明了进化过程中存在的基因增益和丢失事件，这证实了桉树物种的基因组如前所述是动态变化的。这些分析也为下一步功能研究的候选基因的选择提供了一种方法。氧化还原酶基因家族在不同生物之间具有不同的表达水平，但在桉树物种之间具有相似的特征。ROS 调控编码基因数量的激增和保守可能与器官多样化、气候变化和新病原体的不断出现有关。尽管如此，关于家族爆炸仍然存在一个问题：为什么一些家族遭受了多次重复事件，而其他蛋白质家族在物种形成后保持了相似的基因数？从四种桉树物种收集的大量完整序列确定了分化时间，它们的分化时间是从 0.15Mya 到 1.27Mya。桉树物种分化后，尽管物种形成，但大多数序列在进化过程中通过负选择保持，以保护桉树属的主要特征。本研究的结果将有助于更好地了解密切相关物种之间的遗传差异，并激发对物种形成和生物多样化背后机制的进一步研究。

5. 巨桉（*E. grandis*）的 ROS 调控家族中含有大量的基因复制事件，由此形成了爆炸式的基因数目增长，大量的氧化还原酶基因拷贝可以很容易地与桉树的特殊性联系起来，例如其非常快速的生长、全年叶子的持久性、对干旱和冰点以下温度的相对抵抗力。在桉树的染色体上，鉴定到多个由基因复制形成的氧化还原酶基因热点区域，这些区域可能与桉树对生物和非生物胁迫做出快速反应有关。根据重复事件，将 11 个家族分为重复基因家族，如 CⅢ Prx、Cat、1CysPrx 和 GPx 和非重复家族，如 APX、APX-R、Rboh、DiOx、2CysPrx、Prx Ⅱ 和 PrxQ。大小变异的家族包含大量基因复制事件。复制的基因可以差异进化并获得特定的时空表达，比功能性单拷贝基因更快地积累突变，更有可能发展出新的或不同的基因。

6. 结构差异在 CⅢ Prx 多基因家族中广泛存在，因此 CⅢ Prx 展现多种基因结构类型。单、双子叶植物 CⅢ Prx 基因结构出现分化，在内含子频率、内含子数量和内含子大小等方面均有差异。在单子叶植物和双子叶植物分化之后，这两个纲的结构差异越来越大。CⅢ Prx 的经典内含子经历了内含子丢失事件，CⅢ Prx 的稀有内含子经历了内含子增加事件。而且在特定的物种进化的分支中有独特的结构分化。基于以上诸多原因，形成了 CⅢ Prx 的多样的基因结构。

7. 典型的 CⅢ Prx 含有 8 个保守的半胱氨酸，但 CⅢ Prx 中检测到有些成员缺少了某些半胱氨酸残基，可能会导致蛋白质不稳定。我们提出一个蛋白质结构的进化模型，即 CⅢ Prx 的祖先 CcP 中没有半胱氨酸，在自然选择的压力下，不含半胱氨酸的祖先基因演变成早期的含有少量半胱氨酸的 CⅢ Prx 蛋白，并逐步进化成稳定的、包含 8 个半胱氨酸的 CⅢ Prx 蛋白。进化过程中，随着单子叶植物和双子叶植物的形成，在单子叶植物中，CⅢ Prx 出现保守的"SV/LD"基序，而在双子叶植物中，CⅢ Prx 出现"YS/A/TDC"基序。

8. 在甜橙的基因组中，鉴定出 72 个 CⅢ Prx。59 个完整的 CⅢ Prx 序列可分为 9 个亚家族。染色体位点和共线性表明 CsPrx 位于除 8 号染色体之外的所有甜橙染色体中。全基因组复制被确定为 CⅢ Prx 家族扩展的主要模式贡献者。$K_a/K_s$ 比率显示大多数 CsPrx 处于强纯化选择之下。12 个 CⅢ Prx 在 *Xcc* 诱导的不同阶段显示出不同的表达模式，其中 5 个基因应该是柑橘溃疡病研究的潜在候选基因，参与 *Xcc* 感染的 5 个基因可以被外源性 SA 和 MeJA 调控。

9. 柑橘 CsCat01 与柑橘溃疡病的响应密切相关，CsCat01 通过对 Cat 酶活性的影响调控 $H_2O_2$ 含量进而影响柑橘对溃疡病的抗性。所以，该基因可作为柑橘抗溃疡病过程中具有一定潜力的候选基因。

10. 柑橘基因组中共鉴定出 6 个 APX 基因，每个基因都含有单一的过氧化物酶结构域。qRT-PCR 结果表明，对溃疡病的感病品种晚锦橙和抗病品种金柑对激素和 *Xcc* 的诱导表达模式存在差异。在晚锦橙和金柑中，APX 的表达模式和活性均因对 *Xcc* 的响应而不同。通过亚细胞定位和瞬时表达，发现 CsAPX01 和 CsAPX02 在细胞的特定位置表达，CsAPX02 具有较高的过氧化物酶活性和清除过氧化氢活性。这些结果表明，CsAPX01 和 CsAPX02 与柑橘的抗性和感病性密切相关，可以作为柑橘抗溃疡病分子育种的候选基因。

11. 基于柑橘全基因组数据鉴定到 7 个 Rboh 基因；定位在柑橘 5 条染色体上，编码蛋白均含有 Rboh 保守结构域；CsRboh 在不同激素诱导下表达模式不同，表明其可能在抗逆信号途径中具有不同功能；CsRboh02、CsRboh04 和 CsRboh06 在抗、感品种中受 Xcc 诱导表现出不同的表达模式，推测其可能与柑橘抗性相关。

12. 在柑橘中一共鉴定出 13 种 CsSOD，包括 4 种 Fe/Mn-SOD 和 9 种 Cu/Zn-SOD，均具有典型功能域。CsSODs 分布在甜橙的 3 号、5 号、7 号和 8 号染色体上。在其基因的启动子区域发现了特异性的激素响应基序。柑橘溃疡病病菌感染显著改变了大多数 CsSODs 的表达水平。CsSOD06 和 CsSOD08 的过表达导致 $H_2O_2$ 水平升高，SOD 活性增加。我们的研究结果突出了 SOD 在植物抵抗病原体感染中的重要性，并在培育抗柑橘溃疡病的柑橘品种方面具有潜在的应用价值。

## 二、不足与展望

1. RedOxiBase 作为一个不断进化升级的数据库，十几年间经历了数次版本升级，数据量大增，关注对象也日渐完善，同时，数据库中新开发了或升级了若干实用的工具，使 ROS 调节蛋白家族的注释、比较、进化研究变得容易，成为了过氧化物酶研究领域的重要研究平台。但是，RedOxiBase 仍有些许问题亟待解决。新 RedOxiBase 中的条目覆盖了全部 5 个生物界，而且数量有了突飞猛进的增加（从 2008 年的 6026 个增加到 2012 年的 10710 个再到 2019 年的 15136 个），但 RedOxiBase 中的条目仍主要由源自植物和真菌的序列组成，分别占 64% 和 22%，尽管植物过氧化物酶家族似乎更容易发生大的重复事件，但我们必须继续努力平衡植物以外生物的家族代表。我们还需要增加其他和代表性较差的生物体的序列数量，以进行更多的全局进化分析。在提高注释效率的同时，需要继续优化条目的质量。然而，依赖于 Scipio 的注释过程仅适用于通过相关或密切生物之间的同源性进行预测。为了对更多不同的基因组进行预测，我们也正在研究新策略。

2. 为了更全面、更准确地注释过氧化物酶多基因家族，我们基于过氧化物酶数据库建立了包括自动注释、人工校对和实验补充三部分的综合注释流程，该流程可以大大提高过氧化物酶多基因家族的注释质量和效率，为物种的起源、进化研究提供可靠的数据基础。但是，该流程仍然无法保证注释的全面性，也没能使家族所有的成员均正确的注释，这样可能影响了以这些数据为基础的起源、进化和功能分析的某些结论的可靠性。所以，该流程仍然有较大的提升空间。

3. 通过生物信息学、分子生物学等手段研究了植物过氧化物酶的起源与进化，建立了一系列包括起源、剂量进化、复制、基因诞生与丢失、基因与蛋白质结构进化的模型，大大丰富了过氧化物酶研究的基础理论。但是需要指出的是，这些模型建立在当前分析手段、当前植物（尤其是低等植物）的基因组测序水平和质量的基础上。随着更多的基因组被测序、更可靠的基因组注释手段、更多的分子生物学和酶学证据的获得，上述模型存在被完善或者被推翻的可能。

4. 鉴定了若干与植物抗病响应相关的成员，并对其中的代表基因进行了功能验证和机理研究，为植物的抗病分子育种奠定了重要的理论基础和基因资源。但是，本研究还只是该领域的很小的一个方面，ROS 调控蛋白的更多家族也有可能与植物抗病响应相关，我们将会鉴定更多的候选基因，深入研究其功能和作用机制，丰富氧化还原酶与植物抗病相关性的理论，并通过多基因协同调控 ROS 稳态，提高植物的抗病水平。同时，需要更多地关注过氧化物酶在植物的非生物胁迫和植物生长发育中的功能和机理。

## 三、致谢

内容跨越十一个年头，成书一年多时间的这本著作终于完稿。当浏览到最后一页，敲下最后一个标点符号时，方才觉得心头一块石头落地。回想起几年的研究岁月，跨越多少山水、熬过多少日夜，相信所有从事和了解科学研究的同行们都能体会。本书交付出版，圆了我的科研著作梦。

本书内容的主要来源之一是我在法国国家科研中心学习和交流的四年多的经历。在美丽的玫瑰之城图卢兹古老的米迪运河边，建有法国国家科研中心和图卢兹第三大学共建植物科学研究实验室。我非常有幸能够加入过氧化物酶领域著名的专家 Christophe DUNAND 教授的团队，在该团队的坚实研究基础之上，我开展了植物过氧化物酶的研究，包括过氧化物酶数据库的创建和升级、过氧化物酶专属鉴定流程以及过氧化物酶起源、进化和功能研究等。本书的另一主要来源是我在西南大学任教的七年多时间内的一部分研究内容。我有幸加入西南大学的陈善春教授团队，得以将上述所学的理论知识应用于植物抗病实践中，取得了些许成绩。上述的这些研究，涉及了数据库学、生物信息学、分子生物学、植物病理学等多个领域，从理论研究到应用研究获得了系列研究成果，并在国内外学术杂志上发表了十几篇论文，这些构成了本著作的内容基础。本著作不是论文的简单集合，而是将上述研究成果进行核对、集成、提炼、总结和升华，尤其对基本概念、研究内容和研究结果等进行了系统阐述。不论水平高低，我保证该著作的数据真实、可靠。

付梓之际，再次感谢我的博士导师 Christophe DUNAND 教授和同事 Nizar FAWAL、Hua WANG、Philippe RANOCHA、Bruno SAVELLI、Catherine MATHE、Marie BRETTE、Marcel ZAMOCKY 等在本项目执行期间的知识分享、专业建议和对过氧化物酶数据库 PeroxiBase 和 RedOxiBase 的维护、升级和开发。感谢 Hélène BERGES 教授和 Endymion COOPER 博士对基因组测序和分析中的支持和建议。感谢西南大学的陈善春研究员、何永睿副研究员、邹修平副研究员、龙琴副研究员和宋庆玮博士等，研究生喻奇缘、傅佳、秦秀娟、杨雯、樊捷、黄馨、张晨希、线宝航、窦万福、胡安华、祁静静等在实验和数据分析以及节稿撰写过程中的辛苦付出。

本书的出版和相关研究的执行获得了"国家重点研发计划项目长江上游特色濒危农业生物种质资源抢救性保护与创新利用（2022YFD1201600）"、"国家现代农业（柑桔）产业技术体系（CARS-26)"、"西部（重庆）科学城种质创制大科学中心长江上游种质创制与利用工程研究中心科技创新基础设施项目（2010823002)"、"中央高校基本科研业务费（SWU-XDJH202308)"和"国家留学基金委员会公派留学奖学金"的支持，在此再次感谢。最后，感谢众多引用的参考文献的国内外学者。

植物的氧化还原生物学是当今植物生物学中的一个研究热点，是植物发育调控和抗逆调控的重要基础。忠心希望本书对读者有所启发，为学科的发展添砖加瓦。当然，本书仅仅是植物氧化还原酶理论和应用研究的冰山一角，我将继续致力于植物氧化还原酶的研究，创新方法，拓宽思路，丰富当前理论，加强理论后期应用，以调控植物生长发育和抗逆，努力构建更科学、更精确的植物氧化还原酶理论和应用体系。尽管我夜以继日、全身投入，但由于才疏学浅，疏漏和不当之处在所难免，恳请读者海涵指正。

李　强

2024 年 7 月　缙云山下